计算思维的力量

［英］保罗·柯松　彼得·W.麦克欧文　著
（Paul Curzon）　（Peter W. McOwan）

三日　译

1000101111101101110100110001011110110111010011000101111101101110111000101111

T h e　　P o w e r　　o f

1000101111101101110100110001011110110111010011000101111101101110111000101111

C o m p u t a t i o n a l

1000101111101101110100110001011110110111010011000101111101101110111000101111

T h i n k i n g

SPM 南方出版传媒

广东科技出版社 | 全国优秀出版社

·广州·

广东省版权局著作权合同登记　图字：19-2020-002号

图书在版编目（CIP）数据

计算思维的力量／（英）保罗·柯松（Paul Curzon），（英）彼得·W. 麦克欧文（Peter W. McOwan）著；三日译. —广州：广东科技出版社，2021.6
书名原文：The Power of Computational Thinking: Games, Magic and Puzzles to Help You Become a Computational Thinker
ISBN 978-7-5359-7094-7

Ⅰ.①计…　Ⅱ.①保…②彼…③三…　Ⅲ.①计算方法—思维方法　Ⅳ.①O241

中国版本图书馆CIP数据核字（2021）第019379号

计算思维的力量
Jisuan Siwei de Liliang

出 版 人：朱文清
责任编辑：刘锦业
特约编辑：杨赛君
封面设计：集力書裝　彭 力
责任校对：高锡全
责任印制：彭海波
出版发行：广东科技出版社
　　　　　（广州市环市东路水荫路11号　邮政编码：510075）
销售热线：020-37592148 / 37607413
http://www.gdstp.com.cn
E-mail：gdkjcbszhb@nfcb.com.cn
经　　销：广东新华发行集团股份有限公司
印　　刷：佛山市浩文彩色印刷有限公司
　　　　　（佛山市南海区狮山科技工业园A区　邮政编码：528225）
规　　格：787mm×1 092mm　1/16　印张15　字数300千
版　　次：2021年6月第1版
　　　　　2021年6月第1次印刷
定　　价：48.00元

如发现因印装质量问题影响阅读，请与广东科技出版社印制室联系调换（电话：020-37607272）。

前　言

　　短短几十年内，计算思维已经改变了我们的生活、工作和娱乐方式。同时，它还改变了科学研究的方式，成为在战争中制胜的关键，甚至创造了全新的产业，拯救了无数生命。作为计算机科学家解决问题的方法，计算思维是计算机编程的核心，也是一种解决问题的有效方法。计算思维如此重要，以致许多国家现在已经要求所有学龄儿童学习此项技能。

　　在《计算思维的力量》一书中，我们用魔术、游戏和谜题等通俗易懂的方式来阐释计算思维，并通过具有挑战性的真实问题来加以解释。本书涵盖了各种可以用来解答这类问题的要素，包括算法思维、分解、抽象、归纳、逻辑思维和模式匹配等，同时也讨论了如何理解 "人"是计算思维中至关重要的一环。我们还探讨了计算思维与科学思维、创造力与创新之间的联系。

　　无论你是想知道计算思维是什么，是寻找新的方法来提高效率，是打算学习计算机科学，还是享受数学游戏和谜题带来的乐趣，都可以阅读我们精心打造的这本书。它能帮助你在学习编码和运用新技术时先人一步，也能增加你在现实生活中解决问题的技巧；还能帮助你更深入地了解自己的大脑以及数字世界，甚至为你展示构建一个"数字大脑"的过程。

　　我们衷心希望《计算思维的力量》能够向读者宣告，学习像计算机科学家一样思考是一件多么有趣的事，值得你去深入探寻！

关 于 作 者

保罗·柯松（Paul Curzon）：伦敦玛丽女王大学计算机科学专业教授，研究方向是计算机科学教育、人机交互和形式化方法。2007年获得EPSRC年度非专业计算机科学作家奖，2010年获得高等教育学院国家教学奖学金，此外还获得了多个教学奖项。他最初自学编程的地点是法国南部的海滩，后期与人共同创办了"伦敦计算教学"网站（www.teachinglondoncomputing.org），为教师提供英国职业继续教育学分登记系统支持。

彼得·W. 麦克欧文（Peter W. McOwan）：伦敦玛丽女王大学计算机科学专业教授，研究方向为计算机视觉、人工智能和机器人。2008年获得高等教育学院国家教学奖学金；因为他向不同的受众推广计算机科学的杰出表现，于2011年被授予IET蒙巴顿奖章。此外，他还是一位业余魔术师，对科幻小说也有着浓厚的兴趣。

保罗和彼得共同创建了国际知名的"趣味计算机科学"网站（www.cs4fn.org），且同为英国计算机教育机构（CAS）的最初成员。保罗现为CAS的董事会成员。

致　谢

本书实为结合了新撰材料和重修文稿的简编，最初是为"趣味计算机科学"网站（www. cs4fn. org）以及计算机专业和ICT（information and communications technology，信息通信技术）专业教师提供支持的"伦敦计算教学"网站（www.teachinglondoncomputing. org）而作。

我们非常感谢伦敦玛丽女王大学一直以来对我们的工作给予的大力支持。多年来，我们在开发趣味计算机科学材料时得到了许多组织及个人的经济资助，包括伦敦玛丽女王大学、EPSRC（Engineering and Physical Sciences Research Council，英国工程与自然科学研究理事会）、谷歌、英国教育部、BCS（British Computer Society，英国计算机协会）、RCUK（Research Councils UK，英国研究理事会）、微软和ARM（Advance RISC Machines，英国ARM公司）以及伦敦市市长等。

全国及世界各地的教师都非常踊跃地帮助我们，尤其是"学校团组"（school group）中组建"英国计算"（UK computing）的那些教师、学者、行业代表，他们对我们的工作给予了极大的支持，提出了很多想法，还尝试举办了许多非常有价值的活动。

在过去的10年里，有数不胜数的老师和学生热情参与了我们的趣味活动，激发出新的灵感火花，在此表示衷心的感谢。感谢微软研究院（Microsoft Research）的西蒙·佩顿-琼斯（Simon Peyton-Jones）、谷歌的彼得·迪克曼（Peter Dickman）和英国计算机协会的比尔·米切尔（Bill Mitchell）给予我们的极大支持。我们在坎特伯雷大学和格拉斯哥大学等大学开展的"不插电活动"（unplugged activities）受到蒂姆·贝尔（Tim Bell）和昆丁·卡茨（Quintin Cutts）的启发。骑士团巡回（Knights Tour）活动是根据托伦哥白尼大学的马切伊·M. 西斯罗（Maciej M. Syslo）和安娜·贝亚特·克维亚特科夫斯卡（Anna Beata Kwiatkowska）的构想而改编的。

伦敦玛丽女王大学的工作人员也为我们提供了很多帮助：乌苏拉·马丁（Ursula Martin）、埃德蒙·罗宾逊（Edmund Robinson）和苏·怀特（Sue White）帮助我们创办了"趣味计算机科学"网站；早期有加布里埃尔·卡扎（Gabriella Kazai）和乔纳森·布莱克（Jonathan Black），近期有威廉·马什（William Marsh）、乔·布罗迪（Jo Brodie）、尼古拉·普兰特（Nicola Plant）、简·韦特（Jane Waite）和特雷福·布来格（Trevor Bragg）帮我们承担了许多艰苦的工作；还有其他难以计数的人也帮了我们不少忙。

年少之时，马丁·加德纳（Martin Gardner）编写的富有趣味的数学书籍给了我们特别的灵感，尽管直到后来我们才发现，当时我们觉得真正有趣的东西其实大多是伪装成数学的计算机科学。我们希望本书同样也能激励一批人，让他们明白所有有趣之物实际上都是计算，可不要被"数学"这个称呼欺骗了！

我们与马特·帕克（Matt Parker）、杰森·戴维森（Jason Davison）和理查德·加里奥特（Richard Garriott）就数学和魔术进行了很多有益的讨论。我们还要感谢过去和现在的一些天才魔术师，他们通过算法发明了许多巧妙的数学"把戏"，让我们也能学习或者教授这些"把戏"。其中一部分著名的魔术师给了我们深刻的启示，包括亚历克斯·埃尔姆斯利（Alex Elmsley）、卡尔·富尔夫斯（Karl Fulves）、尼克·特罗斯特（Nick Trost）、J. K. 哈特曼（J. K. Hartman）、保罗·戈登（Paul Gordon）、布伦特·莫里斯（Brent Morris）、科尔姆·马尔卡西（Colm Mulcahy）、亚瑟·本杰明（Arthur Benjamin）、马克斯·梅文（Max Maven）、阿尔多·科隆比尼（Aldo Colombini）、佩西·迪亚库斯（Persi Diaconus）、约翰·班农（John Bannon），当然还有已故的令人敬佩的马丁·加德纳。我们建议对此感兴趣的人探寻他们的工作，并探索更多关于自我工作的魔法。你会在当中发现一些令人惊叹的技巧、算法和娱乐方式，也许还会发现他们最大的秘密——魔术（更何况计算思维）是一项伟大的爱好。

此外，在我们的学习生涯中，如果没有那么多鼓舞人心的老师，我们可能永远不会进入现在的领域。他们不仅让我们对数学和科学产生了兴趣，更重要的是，我们的英语老师还教会我们热爱写作、理解写作。

最后，感谢我们的家人，感谢他们的支持和理解！

目　　录

1 ○ 第一章

未来思维

计算思维是计算机科学家需要学习和用来解决问题的重要技能。因为它太重要了，现在许多国家已经要求所有学生都学习这项技能。计算思维究竟是什么？它是如何改变我们做事情的方式的？它为什么能够给我们带来如此多的乐趣？

7 ○ 第二章

"搜"而言之

闭锁综合征是我们可以想到的最糟糕的病症之一。它会让你完全瘫痪，最好的情况是能够眨眨眼。你的智慧大脑被锁在一个无用的身体里，你能够感知周围的一切，却无法与外界交流。作为脑卒中的后遗症，这种症候可能会出其不意地发生在任何人身上。如果你想帮助那些患有闭锁综合征的人，最直接的方法可能是成为一名医生或护士。然而，一名计算机科学家如何为他们提供帮助呢？

27 第三章

魔术与算法

有一项技能，能够令你成为一名伟大的舞台魔术师，发明出新魔术，同时也能令你成为一名伟大的计算机科学家。这便是计算思维。魔术是算法，计算机程序也是算法——早期的计算机在搜索数据时，实则是在表演一种叫作"澳大利亚魔术师之梦"的魔法。记住，计算机程序员真的就是魔术师哦！

49 第四章

谜题、逻辑和模式

我们如何破解逻辑谜题？逻辑思维显然是破解谜题的关键，但归纳和模式匹配则是专家的秘密技能。它们可应用于破解谜题、计算机科学、国际象棋及灭火等诸多领域。逻辑思维、归纳和模式匹配对于计算思维至关重要。

65 第五章

谜题之旅

为下面的三项任务找到解决方法：让国际象棋里的骑士走遍棋盘上的所有方格，且每一格只走一次；解决城市导游的难题；为旅游信息中心提供建议。运用计算思维，我们可以更好地完成这三项任务，甚至可以帮助游客打包行李。算法是计算思维的核心，可以让我们一次性解决问题，避免重复思考。同时，计算思维还有另一个重要组成部分，那就是选择合适的表现形式来呈现所涉及的信息，如果安排得当，我们就能够更加容易地得出算法。

83　第六章

为"新人类"构建自动程序

了解了计算思维的基础知识，现在让我们来探索计算思维如何为机器人构建大脑吧！打造机器人的身体很有趣，但是没有大脑的机器人又能做什么呢？接下来，让我们来研究机器人的制造史，探查其要点，然后构建一个聊天机器人的大脑。

99　第七章

构建大脑

我们并非直接创造意识，而是由下而上利用计算思维构建一个简单的大脑。这将有助于我们探索由大量相互连接的神经细胞构成的人脑实际上是如何进行工作并产生复杂的人类行为的。随后，我们将探索如何才能创造人工智能，让它拥有像人脑一样工作的"大脑"，使其能做出与人类无异的行为。或许，如果我们能够准确构建一个大脑，意识也会随之产生。

117　第八章

编写自动欺诈程序

了解了聊天机器人和构建大脑的基础知识，以及某些聊天机器人的黑暗面后，现在让我们将二者结合起来吧。接下来，让我们一起探索如何构建一个能骗到人类的简单自动程序大脑。成功之后，我们将明白为什么计算思维的使用者，无论是人还是机器，都需要伦理思维。第一个提出机器人概念的人觉得它们将会统治世界。因此，我们还要探索如何才能让机器人永远无法统治世界。

129 ○ 第九章

网格、图形和游戏

网格和游戏，这两样可以很重要。网格是许多游戏的基础，也是计算的重要组成部分。网格可以是图的一种表示方式，基于网格的生活类游戏甚至会催生一种全新的计算方式；而网格游戏的另一规则能帮我们解释为什么人类已经不是地球上最厉害的游戏玩家了。如今，计算机科学家甚至在将生活本身转变为游戏。

147 ○ 第十章

既见树木又见森林

模式匹配是计算思维的核心之一，模式处处可见。计算机科学家不仅要擅于发现模式，还要擅于建立与模式匹配的算法。通过研究读心魔术算法背后的模式匹配，我们能够了解这些理念。借助归纳数学定理，我们可以设计戏法和其他算法。模式匹配对于强大的算法同样至关重要，它使计算机能够像人类一样"看得见"这个世界。通过创建既能发现模式又能使用模式的算法，我们可以编写更加有用的程序。我们正在教授计算机运用计算思维，以便它们能够做本来只有人类才能做到的事情。

167 ○ 第十一章

穿透医学奇迹

现代医疗对计算机技术及其背后巧妙的计算思维依赖度很高。首先，我们需要数学家和科学家给出基本原理；然后，计算机科学家和电子工程师才能创建算法、制造电子器件，将数学和科学转变为拯救生命的技术。让我们来玩一个游戏，看看该如何实现上述过程。

181 第十二章

计算机 vs 人脑

计算机精确地执行程序，完全按照指令行事。我们的大脑也像计算机一样工作吗？我们的想法是合乎逻辑的吗？我们能像计算机一样准确地执行计划吗？事实证明，人类大脑受到严重限制，会导致一些非常古怪的事情发生，而理解这些古怪之处有助于我们获得更高超的技术。不过，有一件事是确定无疑的：是你的大脑控制你，而非你控制你的大脑。

205 第十三章

什么是计算思维？

我们已经浏览了很多计算思维的实践案例。但愿你现在已经大概了解了计算思维是什么，以及抽象及算法思维等不同元素是如何结合起来的。这些将为你解决问题与认识世界提供方式。在本书最后的这一章中，我们将梳理构成计算思维的所有不同要素。

221

延伸阅读

第一章

未来思维

计 算思维是计算机科学家需要学习和用来解决问题的重
要技能。因为它太重要了，现在许多国家已经要求所
有学生都学习这项技能。计算思维究竟是什么？它是如何
改变我们做事情的方式的？它为什么能够给我们带来如此
多的乐趣？

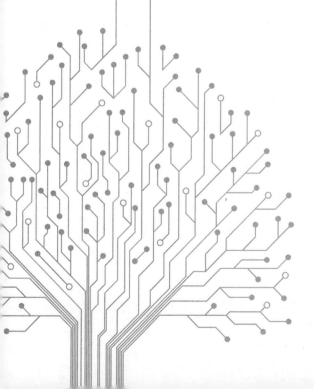

⊙ 你的职业是什么？

假设你是一名科学家，试图研究鸟类在地面上的进食行为。它们当中有些在觅食；有些则仰望天空，提防捕食者的到来。这些鸟儿如何确定各自的角色呢？其他科学家会花费时间来观察这些鸟儿，但你做得比他们更多。你考虑引入算法，即步骤序列，也就是鸟儿们决定各自做什么的时候必须遵循的一系列步骤。于是，基于每只鸟儿都会观察它身旁同伴的假设，你创建了一个计算机模型，对不同的场景进行模拟。这个模型不仅与你过往对鸟类行为进行观察的结果相吻合，还能做出预测，以供你外出检验。

也许你是一位魔术师，想到了一个基于数字之数学性质的新魔术。你为此制定了一系列表演方式和步骤，但这个魔术总会成功吗？与其不断练习，不如用逻辑推理来证明。如果你发现这个魔术通常只在某一种情况下可能出错，那么你只要稍微调整一下表演方式，就能确保魔术永远不会出错。

如果你是一名学生，你的老师正在讲授关于大脑如何工作的课程。授课时，老师在黑板上画出神经元，并引导你在书上标出需要学习的内容。这天晚上，你写出了一个能够模仿神经元行为的程序——将几个神经元连接在一起，就能看到一堆神经元是如何进行工作的。第二天，你就可以用你的程序向朋友解释神经元的工作方式了。

又或许你是一名医生，常常会因为其他医务人员在使用某些医疗设备时犯错而感到十分沮丧。管理部门对你的同事感到不满：一名护士因为犯了错误而被解雇。你发现问题出在设备的设计上，这种问题使得医务人员在忙碌时很容易漏掉其中一个步骤。于是，你和制造商讨论：只要在设计上做出一个微小的改变，这种问题就再也不会发生。

也许你是一名老师，手头有一大堆杂乱无章的材料。你需要将它们进行分类，这样才能在家长会上迅速找到任何你想解说的材料。完全没问题——你知道用一个非常快的方法来调整它们的顺序。

也许假期期间，你在咖啡店找到了一份工作。工作时，你留意到顾客总是排着长队，这让他们很不悦。于是，你向老板指出，其中有一部分原因是收银员浪费了很多时间。只要稍微改变一下工作方式，整个团队就可以合作得更好，使整体工作效率得到提升。

也许你对你和朋友们喜欢玩的游戏满怀想法。但与其他人不同的是，你不只是纸上谈兵，而是开始编写程序。这样一来，几天之内你就可以用你的新点子来玩游戏。

有了这么多例子，我们可以看到，计算机科学不仅仅是关于计算机的科学，它的关注点是无处不在的"计算"这一行为。像计算机科学家一样思考，你会发现计算和改进的机会，生活中处处都是将想法变成现实的机遇。

⊙　21世纪技能包

学习计算机科学的一大好处是你能学会一种新的基本思维方法以及解决问题的方式。在这个科技遍地开花的现代世界中，这种思维方法非常重要。作为学习计算机科学的红利之一，无论你的职业是什么，这种思维方法都能让你受益无穷。

在许多国家，计算思维被认为是至关重要的一门课，是跟阅读、写作和算术同级别的核心能力，每个人都应该学习，最好从小学就开始。这种思维方式应用很广，并改变了我们的一切，从听音乐到买卖股票，从购物的方式到从事科学研究的方式。它带给你的不仅有出色的奇思妙想，还有把这些想法变成现实的能力。

"计算思维"一词最初由教育家、数学家西蒙·派珀特（Seymour Papert）提出，他主张以一种基于计算的全新方式来教授数学。但是，因计算机科学而改变的不仅是数学这门学科，其他学科也因此发生了变化。

计算机科学家周以真（Jeannette Wing）认为，计算思维是学习计算机科学最重要的部分，而且用处更广。她的论点和这个学科的重要性给微软留下了深刻印象，微软为她所在的卡内基梅隆大学提供了数百万美元的资金支持，只为建立一个研究计算机科学及其如何改变其他学科的中心。

那么，计算思维是什么呢？虽然我们已经越来越多地应用计算思维来进行计算机编程，但它并非计算机的"思维"方式，而是由研究计算本质而来的用于解决问题的各种人类技能的集合。几乎所有学科都为其发展助力，它所需要的三种重要能力为创造力、清晰解释事物的能力和团队合作能力。计算思维吸收了其他学科的思维方式，例如数学思维和科学思维；其核心是一些用来解决问题的具体技能，比如逻辑思维和算法思维，专注于每一个细节，以及设计出切实有效的方法。计算思维同时也与理解他人息息相关。计算机科学的独特之处就在于它将所有这些不同的技能结合在一起，并使其共同形成一种正在改变世界的强大思维方式。这种思维方式改变了我们从事科学研究、购物、经营企业、听音乐以及玩游戏的方式……几乎改变了我们生活的方方面面。

⊙ 算法思维

算法思维是计算思维的核心，关注以不同的方式来思考问题的解决方案。对于计算机科学家来说，某个问题的解决方案不只是诸如得数为"42"之类的答案，也不是"我刚做完今天的数独"之类的成就。算法本身才是解决方案！算法是一组需要遵循的指令。只要你完全按照算法中的说明去做，你就会得到实际问题的答案（比如20 + 22 = 42），或者实现你想要达成的目标（比如完成数独游戏）。一旦你有了某个问题的算法解决方案，你就可以准确地得到那个问题的答案，只需"闭上眼睛"按照说明去做。一旦你写出了一个可以解决某个问题的算法，任何人都可以不假思索地完成——他们甚至不需要知道或理解算法的最终用途。打个比方,即便他们根本不知道自己在做数独(甚至不知道数独是什么),也能完成数独游戏。这也意味着,一台不会说话的机器或者一台计算机也可以机械地按照指令来解决任何问题。所有的计算机就是这样在工作——遵循人类编写的算法。

这种思维背后的真正意义:算法可以为整个问题组提供解决方案,而不限于单个实例。用于完成填字游戏的算法可以完成很多填字游戏,而用来做算术题的算法应该能够用于完成任何计算——这种思考问题和解决问题的方式就被称为算法思维。

举个例子,单单知道20 + 22 = 42是不够的,计算机科学家需要的是一种可以得到任意两个数字相加之得数的算法。事实上,每个人在小学都会学习这样一种算法来做这种题目。准确地说,这样他们就可以"做数学题"而不需要自己去"编写算法"!同样,所有的计算机都已内置如何做加法的指令,这一点很重要。计算机只能作为"计算器"来使用,需要遵循指示来计算。而计算机程序只不过是一种或一组算法,这些算法以计算机可以遵循的语言来编写,即编程语言。

⊙ 改变世界

算法不仅仅是计算。算法可以用来做各种各样的事情。用算法思考,你就拥有了改变世界的强大方法。如果你以程序的形式写出一个算法,你就可以让算法程式化地做各种事情。例如:银行现在使用算法而不是人工进行交易,从而赚取动辄数百万英镑的利润;美国国家航空航天局用算法来发射飞船到火星;算法还可以用来播放音乐和视频,驾驶飞机,帮助外科医生做手术,使我们在客厅里或火车上能网上购物;算法不仅可以用于开车,还能用于创作艺术和音乐。算法现在已经深入我们生活的方方面面,已经改变了我们的生活方式,而且还将继续。这就是为什么理解算法思维对每个人来说都如此重要。正如学习物理是为了理解物理世界,学习生物是为了理解生命世界，我们所有人都需要学习一些计算机科学来理解已然悄无声息地占据了我们生活的虚拟世界。

⊙ 科学思维

算法思维不仅仅是一种解决问题的方式，还提供了一种理解世界的新方法。传统的科学通过实验来理解世界：生物学家在老鼠和猴子身上做细胞培养实验，医生在老鼠等动物身上做药物实验，物理学家对世界本身进行实验。不过，从算法上考虑，我们还有一种选择：如果我们已经得出关于事物如何运作的理论，无论是辐射如何影响行星表面，生态系统如何运作，还是癌细胞如何攻击正常细胞，我们都可以创建出以同样方式运作的算法。我们可以创建一个计算模型，即旨在模拟我们感兴趣的现象的一个程序。那么我们便可以通过这个模型来做实验，而不仅仅是在现实世界中探索。如果程序的行为与它建模的对象保持一致，就说明我们的理论是正确的；如果不是，就说明我们的理论有问题。通过思考出了什么问题，我们可以找到修改理论的方法，从而提高我们的认知水平。这样的模型还可以为我们提供新的预测结果，并在现实世界中进行测试。

⊙ 计算思维

计算思维是一套完整的技术，不仅将算法作为解决方案，还能够提供一种强有力的模式来改善事物和思考世界。我们不会在书中使用大量的术语，而是用案例来介绍这些思想，既有严肃的案例（比如帮助残疾人），也有趣味性的案例（比如游戏、谜题和魔术）。

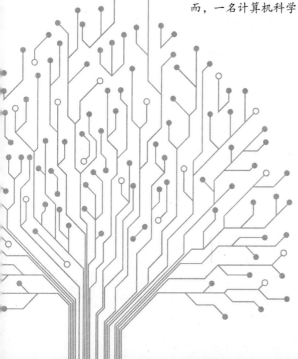

第二章

"搜" 而言之

闭锁综合征是我们可以想到的最糟糕的病症之一。它会让你完全瘫痪，最好的情况是能够眨眨眼。你的智慧大脑被锁在一个无用的身体里，你能够感知周围的一切，却无法与外界交流。作为脑卒中的后遗症，这种症候可能会出其不意地发生在任何人身上。如果你想帮助那些患有闭锁综合征的人，最直接的方法可能是成为一名医生或护士。然而，一名计算机科学家如何为他们提供帮助呢？

⊙ 闭锁综合征

闭锁综合征是脑卒中的后遗症之一，其症状包括全身瘫痪。患者仍然可以思考，可以看，可以听，智力不会受到影响。这一症候可能发生在任何人身上，至今没有治愈的方法，除了让患者活得稍微舒适之外，医生们对此也无能为力。为了帮助他们，我们首先需要帮他们"发声"。患有闭锁综合征的人如何才能与医生、家人和朋友交流？显然，计算机科学家可以发明一些新技术来为他们提供帮助。用计算思维来思考，我们可以给出一个比"技术"更好的答案。

《潜水钟与蝴蝶》这本令人振奋的书，是让−多米尼克·鲍比的自传，它是鲍比在病床上醒来，发现自己全身瘫痪之后写的随笔。在书中，他描述了自己因闭锁综合征而被禁锢的生活。他确实有一种与外界交流的方式，不仅能够与医生、家人和朋友沟通，还写出了这本书——而且完全不用任何技术就做到了这一点。那么，他是如何做到的呢？

想象一下，把你放在他的处境里，你刚刚在病床上醒来。你该如何与别人沟通？你怎么写书？你面前有一个人，正拿着纸笔准备写下你的话。你是一名幸运儿，因为你的眼睛还可以眨动，但那是你唯一能做的动作，除此之外，你全身上下都不能动。这意味着你不能说话，只能看和听。

现在再想象你是他的医生。你得想个办法帮助他跟你交流。

⊙ 易如反掌

你需要制定一种将眨眼（这是他唯一能做的动作）变成字母的方法。出现在你脑海中的第一个想法，可能是告诉他眨一次眼表示"A"，眨两次眼表示"B"，以此类推。这样一来，助手只需数一数眨眼的次数，就能写下相应的字母。

当你提出这个想法时，你的思考方式就已经和计算机科学家相同了。这便是计算思维的核心——算法思维，即先提出一系列步骤，我们/助手就可以遵循这些步骤，以保证得出患者所想的字母。计算机科学家将这种约定的通信方式称为算法，即按照给定顺序执行的一系列步骤，用以达到某种目的（这里指的是字母和单词方面的交流）。算法思维其实就是用算法来解决问题。

算法的美妙之处在于这些步骤可以在不涉及任何理解的情况下进行。在我们的算法中，助手大概知道自己在做什么以及为什么要这样做，即使他们不知道，只要数好眨眼的次数并根据事先给出的指令写下字母，《潜水钟与蝴蝶》这本书依然能够问世。我们甚至可以给他们一个表格用于查找字母，这样他们就可以完全不假思索地完成任务。这便是算法的妙处，它允许人们如此这般机械行事——这一点非常关键，因为这意味着计算机也能如此，而这正是所有计算机所能做的工作——完完全全听从指令。

我们用来交流的通信算法实际上分为两部分：一部分由鲍比开启（通过相应次数的眨眼来"说话"），另一部分由助手来完成（数眨眼的次数，等眨眼停止时写下相应的字母）。事实上，计算机科学家为这种在两个人或计算机之间传递信息的算法起了一个特殊的名字，即"协议"（protocol）。只要双方都能遵守协议的规定，那么鲍比的想法就能呈现于纸面。假如其中一方犯了错，未能遵循协议，比如数少了眨眼的次数，那么信息将无法被正确传递。计算机的伟大之处在于它们不会出那样的错误：它们每次都严格按照指令操作。只要指令正确，计算机就一定能完成任务。

算法思维是一种特殊的问题解决方式。使用这种方式，你不会只得到一个答案。你提出一个解决方案，其他人（包括计算机）就可以按照方案的实施步骤得到许多答案。好比我们为鲍比想出了一个"说话"的办法，它不仅能告诉我们他现在想说什么，也能让我们（以及将来的任何人）弄清楚他想说什么。当然，通过数眨眼的次数来得出字母的方案感觉挺慢，也许还有更好的办法，而思考更好、更有效的解决方案也属于算法思维的一部分。

⊙　鲍比是怎么做到的?

鲍比确实有个更好的方法，或者说更好的算法，他在书中对此进行了描述。记住，助手是能够说话的，所以我们可以利用这一点。鲍比使用的算法是让助手大声朗读字母表，A、B、C……当助手念到鲍比想要的字母时，鲍比就会眨眨眼，助手便在纸上写下这个字母，随后再念，再写，一个字母接着一个字母地写。你不妨和朋友一起试试，用这种方式和他们交流你的姓名的首字母，然后想想这是你和别人交流的唯一方式。我衷心希望你的名字不是Zebedee Zacharius Zog或者Zara Zootle。

来吧，试想一下这样的生活：与家人和朋友交流时必须这样做，与医生和护士交流时也是如此，哪怕你想让别人拉开窗帘或换个电视频道，你也只能这样传递信息。

一旦你尝试过，你就会意识到还有更多的问题需要我们去解决。多尝试几次之后，你可能还会想到其他改进算法的方法。那么，你能想到什么呢?

⊙　检查细节

你可能已经意识到，除了26个字母之外，我们还需要处理空格、数字、标点符号等。我们也需要将它们添加到助手所要诵读的清单中，又或许还有比诵读一长串清单更好的方法。也许我们应该先问："是字母吗?"如果是，我们就像以前一样从字母表开始；如果不是，我们就从其他符号开始。听起来是不是很熟悉?这就是文字处理程序使用独立字符集来处理文字的思路。

另一个需要关注的问题是，如果鲍比不小心眨错了眼睛怎么办？我们需要一种方式来表达"忽略最后一次眨眼，重新开始念字母表"。你绝对不想一个字母一个字母地把这句话拼出来，对不对？同样，如果我们犯了错误，我们需要一个退回的方法，一个可以用来表示"撤销"的代码。"撤销"代码是任何算法都必须包含的重要组成部分，因为人总会犯错。我们可以用快速连续眨眼两次来表达"撤销"。或许你还能想出一个更好的办法……看看现在你有没有想到其他需要解决的问题？

"评估"，即检查算法理论及其实际工作状况，是计算思维的重要组成部分。每当我们提出一个新的算法时，都需要非常仔细地检查它的运行情况。相对编写程序来说，程序员会花更多的时间来评估程序（记住，这些程序便是计算机要遵循的算法）。因为编写时很容易出现忽视某个细节的情况，或者忘记一些可能出现的偶然情况，而算法必须对这些情况加以处理。算法成功的关键在于每次都能运算正确，无论发生什么。

⊙　更棒了，然后呢？

现在，我们发现有时一个词说到一半就能猜出它是什么，这种猜测能帮助闭锁综合征患者加快拼写单词的速度。如果已经得到a-n-t-e-l这几个字母，那么整个词很有可能就是antelope。所以我们可以改变规则，让助手做出合理猜测。我们需要一种机制，它能让患者对猜测说"不"。也许可以这样：如果这个词是正确的，患者就眨眨眼；如果不是，就什么也不做。这就是手机预测拼写（predictive texting）的工作原理，是手机在面临相似问题时使用的算法。当你键入一个词，想要进行搜索时，搜索引擎用的正是这种算法。

鲍比的助手们的确使用了某种预测拼写，鲍比在书中对此进行了描述。他还提到，在其他人明白应由他来评判"是"或"不是"之前，他是多么的愤怒。因为助手们缺乏计算思维，所以当他们确信自己猜对了一个单词时，他得花费不少力气才能告诉他们错了，这让鲍比十分沮丧。打个比方，当我们在谈论动物时，我拼出了h-o-r，你猜我想说什么？马（horse）？不。我拼的其实是犀鸟（hornbill）。

或许你也想到了这样猜单词的方法，可能是因为你已经用过预测拼写！如果确实如此，那你就是使用了另一种计算思维技巧：模式匹配。很多时候，某个问题的本质和你在不同情况下观察到的其他问题的本质一样。如果你已经有了一个问题的解决方案，那么你就可以重新使用这个方案来解决与其本质相同的问题。发现新问题与你以前遇到的问题在本质上是相同的，并意识到可以再次使用以往的解决方案，这一技巧就叫作模式匹配。

算法是一种给出类似这种"通解"的方法。手机必须逐一识别输入的单词，而助手必须逐一识别患有闭锁综合征的人正在思考的单词——手机和助手因为所面临的问题的本质相同，所以都可以使用预测拼写。一旦我们意识到这种相似性，我们就可以将为其中一方想出的所有解决方案用于另一方。进一步想，如果我们意识到用一个解决方案可以解决许多不同的问题，并在一开始就创建这一算法的描述，以便在任何相似情况下再次使用，这就叫作算法的归纳。归纳是一种非常有用的计算思维技巧。一般来说，我们可以把所做的事情看作通信。在任何需要通信的情况下，我们都可以使用通用的通信算法。计算机科学家为不同类型的问题建立了算法集合，这样一来，当他们遇到某种问题时，他们就可以根据情况来选择最好的算法。例如，有一种用来通信的算法叫作摩斯电码（Morse code），它使用点和破折号组成的序列（在鲍比这种情况中，可以考虑迅速眨眼和较长时间闭眼）作为不同字母的代码。摩斯电码的发明是为了通过电报来发送信息，也许它同样能用在鲍比身上。我们稍后再深入讨论这个问题。

概括地说，我们可以把正在做的事情看作搜索一条信息（在鲍比这个例子中，就是下一个字母）。我们或许可以推广我们的算法，以便我们搜索任何东西。稍后我们也会对此进行深入讨论。

⊙ 多么普遍

实际上，鲍比早已意识到ABC算法可以用另一种方式加以改进。在他住院之前，他是法国一本女性杂志*Elle*的主编，所以对语言有着深刻的了解。他知道有些字母在人类语言中比其他字母更常见。例如，在英语和法语中，E是最常见的字母。因此，他让助手按照字母使用的频率由高到低来朗读。在英语中，这个顺序是E、T、A、O……而在法语，即鲍比的母语中，这个顺序是E、S、A、R……因为他是法国人，所以他的助手使用的是后一种排序，这令他能够更快速地和我们交流。

有一种与此类似的方法一直被用来破解密码，它被称为频率分析。使用字母频率的算法实际上是穆斯林学者在1 000多年前发明的。鲍比使用频率分析的手法是模式匹配和归纳的一个实例：转换问题并使用以往的解决方案。一旦我们认识到破解密码和猜测字母类似，我们就可以意识到为其中一种情况发明的频率分析解决方案同样也适用于另一种情况。

⊙ 效率如何?

现在让我们回到鲍比的算法上来。我们已经对最原始的方法进行了改进。相比最原始的方法，即用不同次数的眨眼来表示每一个字母，新方法绝对更好。然而，还有一些问题需要思考：新方法实际上到底有多快——"写这本书究竟花了多长时间？"这是我们所能想到的最好的办法吗？我们是否能想出一个更快的算法，从而帮助鲍比更容易地写出这本书？

我们需要一种对算法进行衡量的方法。有一种方法是通过实验来评估的，即科学思维。对于我们想出来的每一个算法，我们可以记录它们完成某个特定段落各自所需的时间。我们可以召集很多人做多次实验，看看哪个算法平均所需时间最短。不过，这需要耗费大量的时间和精力。我们还有一个更好的方法，那就是利用分析思维。

我们可以用简单的数学来计算出答案。首先，与其用实验来统计所用时间，不如评估已经确定的方法步骤。只要数一数助手要诵读的字母表里有多少个字母，我们便可以将其转换成后续程序中所花的时间：只需要知道诵读一个字母需要多长时间，再用这个时间乘以字母的数量即可——以上工作便叫作抽象。它是计算思维的另一部分，可以简化问题，使得程序编写更加容易。抽象的意思是隐藏或忽略某些细节。就好比刚才我们忽略了精确时间的细节，而用字母表所需的诵读时间来代替。将"诵读字母的数量"作为实际花费时间的抽象。这种方法可以贯穿整个计算过程，使得事情简单化。

那么，我们如何知道一共需要诵读多少个字母呢？我们可以问几个问题，其中最简单的是：在最佳状况下，助手可能需要诵读的字母数最少可以是多少？我们也可以看看最坏情况：如果我们不走运，最多可能是多少？最后，我们可以考虑一般情况，获得一个对于实际耗费时间的理性估算。为了便于讨论，我们只考虑字母而不考虑数字和标点符号。现在，开始分析这样一个简单算法，助手从头开始念：A、B、C……

在最好的情况下，整本书从头到尾都是"A"（也许是在表达他的痛苦）。这时候，助手只要念一个字母"A"（问一个问题）就可以得到答案。在这里，我们再次使用了抽象，忽略整本书，只分析单个字母，至少在刚开始时是这样的。用诵读一个字母的时间乘以书中字母的数量，我们就可得到在最佳状况下写出这本书所需的时间。

而最糟糕的情况，可能是在讲故事的时候，有人一直在打鼾，整本书都是"Z"，每次需要念26个字母（问26个问题）才能得到答案。我们现在可以确定通信的界限：不会少于1个字母，也不会多于26个字母。

估计得出每个字母所需的平均问题数量会更接近现实，也就是我们之前提过的一般情况。这很容易算出来：在一条很长的消息中，如果出现了一个A，那么一般来说在其他地方也会有一个Z，而每一个B则对应一个

Y，依次类推。这意味着在整本书中，每个听写出来的字母平均会被问到13个问题。将书里的字母数乘以13，你就能估计出写出这本书要问多少个问题，再将估计出的问题个数乘以助手读出一个字母的平均时间，就能得到写出这本书所需的时间。

请注意，我们在这里再次评估我们的算法，但并不像以前那样评估它是否可以奏效，而是评估其运算的速度有多快。我们可以从多个方面评估算法，它是否总是有效和它的效率有多高是评估中最重要的两个方面。

鲍比对原始算法的改良是从常见字母开始询问。这样一来，所需问的问题数量或许会下降到10个或11个——你可以用字母的出现频率更精确地计算出来。要么查查频率表，要么自己算：拿出你最喜欢的一本书，数一数每个字母出现的次数。把这些字母按常见顺序排列，并分别写下它们出现的概率，然后将概率从大到小进行加总。通常情况下，当最常见字母的出现概率之和达到50%时，这些字母的数量就是所需的问题数。

我们可以看到，频率分析的确是一种改进方案，但并没有好多少。在最糟糕的情况下，得出一个字母的问题数仍然是26个。然而，任何计算机科学家都知道，我们还能做得更好，可以让问题数量变成5个。千真万确！而且不是在一般情况下，是在最坏的情况下！你能想出需要问的5个问题吗？

⊙ 20个问题？5个就够了

不管你有没有想到，我敢保证你知道正确的那一类问题，且让我们看一个不同的示例。

让我们玩一个"20题"游戏：这是一个儿童游戏，我在脑海中假设自己是一个名人，你通过问我问题来猜我想到的是谁。游戏的关键在于，我只能回答"是"或"不是"。试试和朋友一起玩这个游戏，想想你要问什么样的问题。比如：

"你是女性吗？" "不是。"

"你是还活着的人吗？" "不是。"

"你是电影明星吗？" "不是。"

"你来自英国吗？" "是的。"

"你是作家吗？" "是的。"

"你活在20世纪吗？" "不是。"

"你活在19世纪吗？" "不是。"

"你是莎士比亚吗？" "是的。"

玩游戏时，你会问类似这样的问题。你肯定不会在一开始就问"你是亚里士多德吗？" "你是詹姆斯·邦德吗？"或者"你是玛丽·居里吗？"那样的话，你大概永远也不能通过20个问题得到答案。只有当你非常确定自己知道对方是谁的时候，你才会在最后问这类问题（就像我们刚刚做的那样）。你会问的第一个问题大概就像刚才那样——"你是女性吗？"

为什么这会作为第一个问题？因为不管答案是什么，它都排除了一半的可能性。如果你问"是女王吗？"如果得到肯定回复，那么你排除了数百万种可能性；如果得到否定回复（事实上得到否定回复的可能性比得到肯定回复的可能性要大得多），那么你只排除了一个人。想要通过那种问题来获胜，你必须是买彩票能中大奖的幸运儿才行。所以玩"20题"游戏的秘诀就是每次你问的问题，不管答案是什么，都可以排除一半的人。

⊙ 有何好处？

问这种可以一次排除一半可能性的问题，比问一次只能排除一种可能性的问题要好，但是能好多少呢？假设开始的时候，我在脑海中想象的是100万人中的某一个。如果我通过每个问题每次排除一半的人，一共需要多少个问题呢？问过一个问题之后，剩下50万人；两个问题之后，剩下25万人……在10个问题之后，最初的100万人中只剩下大约1000人

（图1）。让我们继续问下去，500人、250人、125人……问到第20题之后，只会剩下一个人。如果你每次问的问题都能完美地排除一半候选人，那你就一定能赢，最多问20个问题就能完成游戏。当然，这都是算法思维的功劳。我们一直在试图找出一个算法来通关"20题"游戏。但到目前为止，我们还没有想出一个完整的算法，还没能找到解决问题的实际方法。好的，那是你玩游戏时的问题。这个例子说明，我们正在使用另一种计算思维技巧：分解。把问题分解成不同的部分，这样我们就可以分别关注各个部分。我们已经提出了总体战略，现在这是一个单独的问题，即如何每次排除一半可能性的问题。

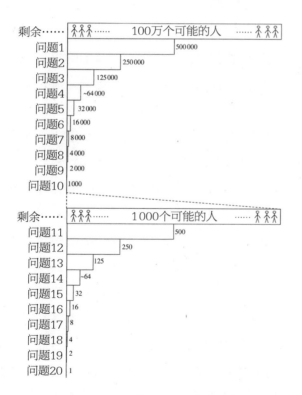

图1　每次都排除一半（对分）可能性，通过20个问题从100万人中筛选出最后1人

分解是一种解决问题的常见策略，对计算机科学家而言，则是一个

重要工具。计算机科学家需要编写程序或设计处理器（比如笔记本电脑或手机中的处理器），而现代计算机芯片比整个地球上的道路网络还要复杂。想象一下一次性完成设计的难度，你就会明白只有将任务分解成可以单独处理的部分才有可能完成。

分解依赖于抽象，需要先隐藏细节。在这里，我们就隐藏了问题的细节，只考虑问题的类别。当我们在考量原始算法的效率时，其实也是在使用分解。我们先把写一本书所需耗费时间的问题分解成确定单个字母所需耗费时间的问题，然后将后者转换成整本书所需耗费时间的问题。

⊙ 新的算法

如上所述，若已掌握正确的问题类型，则在最糟糕的情况下也只要20个问题就能从100万个可能的人中找到我要找的人。想想之前的例子，我们需要问13个问题（最多需要26个）才能从26个字母中找出所需字母。"是"或"不是"跟"眨眼"或"不眨眼"其实没什么区别。当我们问"是A吗？""是B吗？"的时候，就像在问"你是米老鼠吗？""你是纳尔逊·曼德拉吗？"，它们同样是从多种可能性中努力找出对方正在想的那一种。在本质上，这都是同样的问题，就跟预测拼写一模一样！

如果"20题"游戏和确定某人在脑海中想的字母本质相同，那么用前者的解决策略肯定会优于用我们目前想出的解决方案。我们可以再次使用模式匹配和归纳，将寻找问题的解决方式转换为重新使用已知的方案。我们如何使用"对分"的方法来"对付"字母表里的字母？我们可以问"它是元音吗？"这或许可以作为第一个问题，那么其他四个问题是什么呢？如果我们每次需要把列表里的字母减半，很明显第一个问题大概应该是"它在A和M之间吗？"如果答案是肯定的，那么我们就接着问"它是在A和F之间吗？"；如果答案是否定的，我们则会问"它在N和S之间吗？"以此类推。通过这种方式，我们必定可以通过5个问题来得到对方所想的字母。如图2所示，从决策树的顶部开始，根据给出的答案（"是"或"不是"）沿着路径走，最多5个问题，你就能得到答案。

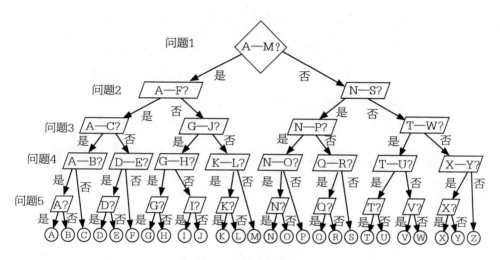

图2 决策树，显示如何通过5个或更少的问题得出字母表中的任何字母

这里还涉及算法思维的另一个组成部分。我们需要确保在细节上达成一致，以免混淆。当我们说"它在A和M之间吗？"时，我们需要弄清楚其中是否包括M（在这个例子里，我们的确把M包含在问题当中）。

我们甚至还可以使用频率分析技巧进一步改进算法。例如，在只考虑26个字母的情况下，我们能提高确认出字母E和其他几个常见字母的速度。请尝试画出能做到这一点的决策树。我们还可以使用预测拼写的技巧来猜测那些只完成了一部分字母拼写的单词。过去的那些算法仍然适用，这又是一个可以重复使用已有解决方案的例证。

⊙ 为字母编码

图3中的决策树显示了一个与之前大不相同的解决方案。将"是"和"不是"跟"眨眼"和"不眨眼"视为1和0。这一决策树定义了一个二进

制序列，对每一个字母进行编码，便于与患有闭锁综合征的人直接交流。

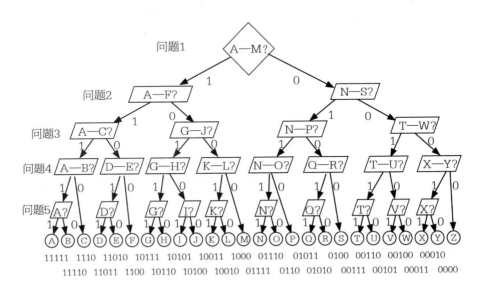

图3　为每个字母编码的决策树

为了加快速度，我们不再需要问问题。"说话者"只需按照字母对应的代码来做动作，由另一个人记录即可。例如，代码0110（不眨眼，眨眼，眨眼，不眨眼）可以表达字母P。我们可以将上述决策树转换为一个查找表，如表1所示。将决策树或者查找表交给任何想要交流的人，他们就可以破译眨眼的意思。如此一来，我们便发明了一种类似于摩斯电码的通信密码。事实上，我们一直在思考的问题本质上与塞缪尔·摩尔斯试图解决的问题一模一样，即允许通过电报进行通信。摩斯电码里的点和破折号正好对应我们编码里的1和0或眨眼和不眨眼。看，归纳又发挥了它的作用。

表1　查找表

代码	字母	代码	字母
11111	A	11011	D
11110	B	11010	E
1110	C	1100	F

（续表）

代码	字母	代码	字母
10111	G	01011	Q
10110	H	01010	R
10101	I	0100	S
10100	J	00111	T
10011	K	00110	U
10010	L	00101	V
1000	M	00100	W
01111	N	00011	X
01110	O	00010	Y
0110	P	0000	Z

注：查找表列出了为每个字母定义的二进制序列代码。

　　然而，我们仍旧需要小心谨慎，记住，细节很重要。如果没有助手提问，我们怎么知道"说话者"什么时候在交流，什么时候没有交流？如果他们不眨眼，他们是在说"ZZZZZZZ"，还是什么都没说？我们怎样才能得知什么时候应该开始记录字母？不眨眼的时长是多少？我们在算法上进行的小改动带来了许多需要解决的新问题，而塞缪尔·摩尔斯确实给出了解决方案。

　　事实上，摩斯电码使用3个符号来解决这些问题，而不是只有2个，它们分别是点、破折号和静音，每个符号的长度被精确指定。不管使用电码时一个点的实际时长是多少，点与破折号之间的静音时间都与之相同，字母之间的间隔是这个时长的3倍，而单词之间的间隔则是这个时长的7倍。这种定义为我们提供了之前因为简化问题而放弃的结构。

　　这种代码解决方案在电报事业方面运行得非常好，其变体是计算机在网络上进行通信的基础。然而，对于我们的闭锁综合征患者来说，这是不是一个更好的解决方案还有待讨论。准确地掌握时间，同时又容易被机器识别，这比单纯问问题要困难得多。

⊙ 选择最佳方式——搜索算法

我们能够将"20题"游戏的解决方案用于帮助一名闭锁综合征患者"说话",是因为这两者所面临的问题在本质上是相同的。这其实是一个搜索问题:给定一系列要求,进而找出我们所需的某个特定事物。这种解决方案就叫作搜索算法——找东西切实可行的好方法。我们为此做出的第一种尝试是依次检查每一种可能性(它是A吗?是B吗?是阿黛尔吗?是邦德吗?……),这种算法叫作线性搜索。某些时候,这已经是你能找到的最好办法。打个比方,如果你是一起抢劫案的目击者,而警察为此设置了指认队列,那么除了线性搜索外,你没有更好的选择:依次检查每一张脸,直到你认出犯罪嫌疑人。当你搜索的东西没有任何特质或者规律的时候,线性搜索会很有效。假如你正在寻找一只袜子,它可能在你衣柜的任何一个抽屉里,那就不妨从衣柜最上方开始,依次检查每一个抽屉。

我们尝试的另一个算法则涉及排除半数(对分)的问题:这个字母在N之前吗?这个人是女性吗?排除半数属于一种很普遍的解决策略,这种策略被称为分治法。如果你能想出一个分治的方案,解决问题的速度可能会非常快。为什么?因为正如我们所看到的那样,重复减半会让你很快地得到最终答案,而且比一次只检查一个答案要快得多。请注意,我们又在做归纳了。最简单的分治搜索算法叫作二分法检索。按顺序排列你正在搜索的所有东西,最小的放在一端,最大的放在另一端。二分法检索的关键在于找到中间项,并检验你要找的东西是在中间项之前还是之后;然后抛开不含标的物的那一半选项,再对剩下的部分重复同样的操作……不断重复,直到只剩下最后一个选项,那便是你一直在寻找的目标。如果你需要在一本厚厚的纸质电话簿里找一个特定的名字,你的做法很可能就是如此。没人会从第一页开始依次检查每个名字,逐个查找要找的人。

当然,搜索算法远不止这两种。例如,像谷歌这样的搜索引擎如何在几分之一秒内搜索地球上的每个网页？显而易见，它需要一个更好的算法。

搜索算法与抽象密切相关。我们对特定问题的细节进行抽象，确定它是否只是搜索问题。如此一来，我们的搜索算法便是一个现成的解决方案，可以用于解决许多其他问题。从另一个角度考虑，一旦我们想出了一个可以在"20题"游戏里获胜的策略，就可以把这个解决策略沿用到分治策略上，如此就有了适用于其他问题的通用策略。抽象和归纳通常可以同时使用。

⊙ 改善鲍比的生活质量

所以鲍比应该让助手每次用排除半数的二分法来问问题。想想看，每次最多问5个问题，而不是平均13个，就能得出他想表达的字母。而且，不仅是写书，鲍比还可以用这种方法与他的家人、朋友、医生、护士进行交流。要是鲍比懂点计算机科学，他的生活就会轻松许多。

⊙ 算法思维优先

值得注意的是，到目前为止，我们还没有研究过任何技术，只是在讨论两个人如何交流。通过这个示例，我们已经找到了一个很好的算法，接下来就可以考虑如何用适合的技术来实现自动化。我们可以建立一个眼动追踪系统来检测眨眼动作，或者用电极帽来识别鲍比是否在思考。无论我们使用什么技术，搜索算法都是关键。如果选错了算法，不管技术有多好，交流速度还是会很慢：比如我们一开始需要平均用13个问题来确定一个字母，而不是5个问题——无论助手是计算机（电脑）还是人都没有区别。如果没有把算法放在第一位，我们可能只能得到一个慢得令人沮丧的通信系统。计算不仅关乎技术，其关键在于设计优选解决方案所需的计算思维。

⊙　理解他人优先

由此看来，我们都同意以下看法：多一点计算思维，鲍比的生活就可以得到改善。但是，或许我们弄错了一件事情，也许我们的行为会使得他的书永远完不成，使得他的生活比地狱还可怕。为什么？我们之前不是从技术开始，而是从计算机科学开始。但我们可能更应该从人开始。我们真的数对了吗？

之前，我们使用问题的数量来衡量算法的优劣，也就是抽象的标准。而提问是助手的工作——可能很乏味，但实施起来并不困难。但是，如果眨眼对于鲍比来说是一项十分艰难的举动呢？他过去的解决办法是眨一次眼睛确定一个字母，而我们的分治算法却要求他眨五次眼睛。把一整本书的字数乘以5看看，这便是我们给他增加的难度，整整五倍！而如果眨眼是一项很简单的事情，那么我们最后得出的算法就会更好。我们不确定哪种算法更好，是因为没有事先询问当事人。鲍比在书中并没有提及眨眼的难度，眨眼的难度对每个人来说可能都不一样。我们确定算法时应该以特定的当事人为出发点。

此外，鲍比的解决方案对任何人来说都很容易理解，而我们的算法则比较复杂，可能需要解释才能让其他人理解。我们不能让鲍比去当那个解释者——为他人着想十分重要。

这就是对算法进行评估时需要注意的另一个重点：评估我们的解决方案在实践中是否适用于人。人们能够轻松地使用它们且不出错吗？他们的使用体验好不好？即使是百分之百遵循算法的计算机，只要人们需要与程序进行交互，这一点就仍然适用。这就是可用性和用户体验。这类评估最终需要在真实的人身上进行尝试。我们越早评估，效果越好。

⊙ 对他管用

能够确定的是，鲍比的方法适用于他本人，毕竟他已经用这种方式写出了一本书。或许助手的工作不仅是写下他的话，还包括拉开窗帘，和他谈论外面的世界，又或许只需提供一些日常的人文关怀。也许对于鲍比来说，写这本书的全部意义在于给了他一个理由，能和另外一个人一起消磨时间，而报酬则由他的出版商负责支付！

这样一来，通信算法的意义就不在于写书，而是通过写书来帮助一个人满足其与他人直接交流的深层需求。用科技代替助手，也许就等同于抹掉了让他活着的重要意义。

换一个方向考虑，如果他能够跟一台计算机进行交流，或许他就可以"离开"医院的病床，进入虚拟世界，可以给朋友发电子邮件，可以使用各种形式的社交网络，可以操控一个虚拟化身，也许有一天甚至还能控制一个机器人版的自己，在现实世界里出现在他本人身边……这样的话，我们就在成功的道路上又迈出了一大步。

这个方法是否适用于当事人，其关键点在于我们得先弄清楚当事人真正想要什么和需要什么。在这种极端的情况下，测试时最重要的是最终用户真正参与其中。我们称之为以用户为中心的设计。这种设计方法最有效的版本之一被称为参与式设计：最终用户实际上会帮助设计师提出设计思想，而不只是参与评估。这就是鲍比使用的方式，他直接参与了沟通方式的设计。事实上，在为人们设计任何系统时，以用户为中心的设计通常会更好，并不仅仅是在极端的情况下。因为最终是根据用户本人的需要进行调整，使设计不仅在技术层面，还能在情感和社会层面为他们服务。如果做不到这一点，我们可能会设计出一个在理论上很美妙，在实际应用中却非常糟糕的解决方案。记住，计算机科学家所需要考虑的对象，绝不仅仅是计算机。

第三章

魔术与算法

有一项技能，能够令你成为一名伟大的舞台魔术师，发明出新魔术，同时也能令你成为一名伟大的计算机科学家。这便是计算思维。魔术是算法，计算机程序也是算法——早期的计算机在搜索数据时，实则是在表演一种叫作"澳大利亚魔术师之梦"的魔法。记住，计算机程序员真的就是魔术师哦！

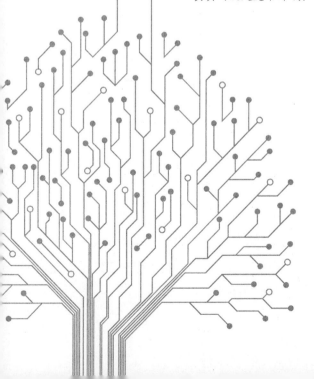

澳大利亚魔术师之梦

⊙ 预测未来

在"澳大利亚魔术师之梦"这个魔术中，魔术师能够预测一张谁也不可能提前知晓的卡牌——这个魔术的核心便是计算机科学。那么，魔术师是如何做到的呢？

魔术开始之前，你需要在观众看不见的地方准备好一副洗过的普通扑克牌，整副牌正面朝下，将红桃8放到从上往下数的第16张，将某张比较有辨识度的卡牌（如红桃A）放在第32张。接下来，仍旧牌面朝下把卡牌放在桌子上，记住，这时候红桃8排在第16张。然后，从第二副扑克牌中取出红桃8（最好是超大号的卡牌，这样效果会更好），并将其放入密封的信封中，把这个信封放在桌子下面。这样一来，在整个过程中信封都处于完全可见的状态。

好，接下来的程序就对观众可见了。请一些志愿者上前，将卡牌放在桌子上，依次摆成一排，牌面朝上，这样大家就能看到这堆牌已经洗过，没什么异常。接着，你告诉大家，你需要把这些牌大致分成两部分，再摊开手掌示意一个范围，请志愿者大概选出一张位于中间的卡牌。请确保你的双手在不为人知的情况下分别放在第16张和第32张卡牌之上——这样可以看似随意地将志愿者的选择限制于这两个位置之间，这一点很重要。然后，丢弃志愿者选出的卡牌右边的所有卡牌（即牌堆底部），并与志愿者确认，这张牌是他们的自由选择。拿起剩下的卡牌，牌面朝下，向大家解释你总是会在表演魔术的前一天晚上做一些奇怪的梦，梦见有魔术师前来教你一些新把戏。而昨天晚上你梦见一名澳大利亚魔术师教了你这个魔术——如何选出一张没人会提前知晓牌面的卡牌。

　　接下来，你依次把卡牌分发成两摞。把一部分牌正面朝下放在第一摞，同时说"走"（down）；把另一部分牌正面朝上放在第二摞，同时说"留"（under）。一旦所有的牌都发完了，把"走"的那一摞扔掉，请注意，你总是要把牌面朝下的那一摞扔掉。拿起"留"的那摞牌，牌面朝下，重新按之前的程序分牌并弃牌，重复这个程序，直到你只剩下一张"留"牌——这张牌一定是红桃8。现在你可以告诉观众，这便是"天选之牌"。请志愿者证实他们并不知道最终的卡牌会是什么，然后令其向观众展示卡牌，告诉大家这是什么牌。而后请志愿者再次向观众证实，他们在魔术开始时确实是自由选择在何处把牌分成两部分的。接下来，你需要将弃牌堆里的前几张牌翻面，以此证明如果刚开始的时候志愿者从不同的位置将牌堆分成两部分，最终就会得到不同的牌。

　　现在，你可以告诉大家，澳大利亚魔术师在梦里告诉你，要将一张特别的卡牌放在一个信封里，而后让志愿者从桌子底下拿出信封，打开信封并展示里面的卡牌——这张牌便是澳大利亚魔术师在你梦里预测的那一张——也是红桃8！

　　至此，魔术结束，感谢志愿者，并请观众为他们的帮助鼓掌。

⊙　算法妙思

　　魔术和计算到底有什么关系？以上所述的魔术被魔术师称为自动魔术，跟计算机科学家所说的算法是一回事。它其实是一系列指令，只要按照既定顺序执行，就总能得到特定的预期效果——在"澳大利亚魔术师之梦"中，就是你最后总能"神奇"地拿到红桃8。而计算机程序则是用一种特殊语言编写的算法，计算机遵循这种语言，其结果就是程序员想让程序做什么都行。

　　"澳大利亚魔术师之梦"背后隐含的算法如图4所示。

　　这个特定算法并非一步接一步的简单步骤序列，它包括"重复操作4

次"的循环（环状结构）。循环是一种编写重复指令的方式，可以让你不必多次编写一模一样的内容——这便是程序员在计算机程序中用来告诉计算机"重复某些指令"的指令。这个算法中还有第二个循环，即"重复操作直到无牌"。第二个循环通过第一个循环重复了4次，每一次你都要分牌、弃牌，直到没有牌为止。

将事先选定的卡牌放在第16张（从上往下数）

将（与选定卡牌相同的）预测牌放进信封

弃置大约一半的卡牌

重复4次

重复如下操作直至无牌：弃一张牌，留一张牌

打开信封，展示预测牌，预测牌与牌堆中剩下的最后一张牌的牌面一样

图4　"澳大利亚魔术师之梦"的算法

⊙　发明魔术

想要发明一种新的魔术，魔术师必须像计算机科学家一样思考，也就是使用计算思维。卡牌魔术就是计算，用一副卡牌（而非计算机）进行计算。想要发明任何新魔术，其核心是算法思维。魔术师必须想出一系列步骤，只要遵循这些步骤，就能得到神奇的效果。表演的时候，没有人想经历失败，那样在舞台上看起来会很傻——这意味着魔术发明者必须考虑每一个细节。他们需要完全确定每一步，就像编程一样，必须考虑所有可能发生的情况。比如，志愿者是否会做出一些导致失败的举动？如果是这样，必须事先让他们知道该怎么做。同时，魔术师也需要精确地做好记录，以便将来他们本人或其他人能够按照记录来完成魔术（尽管魔术师更倾向于保守秘密而非共享秘密，并不像大多数计算机科学家那样乐意分享）。这都是算法思维在起作用。

最重要的是，一旦某位魔术师发明了一个魔术，并将其算法写下来，那么任何一个得到这个算法的人都可以完成这个魔术，且不需要自己动脑筋，只需要严格按照说明执行即可，只要准确地按既定的步骤执行，就会得到想要的神奇效果。

为什么这一点对计算机科学家来说很重要？因为这正是计算机正常工作所需要的特性。计算机对自己所做的事一无所知，只知道盲目地按照指令去做。而程序员则在编写指令的过程中承担了所有创造性的工作。编程所涉及的指令必须非常清晰和精确，这样才不会让程序误入"歧途"。每条指令的目的必须十分明确，以便让计算机精确地遵循。指令必须完整涵盖所有的可能性，因为计算机无法处理意料之外的事情。通过遵循指令，计算机可以做出许多令人惊叹的事情（甚至能够像我们人类一样智能）。

记住，你所见过的任何计算机小程序都只是在不假思考地遵循某个算法。

分化瓦解

有一种创造新魔术的方法是先把魔术分解成多个部分，然后分别处理每个部分的操作步骤和表现形式。这同样是计算思维在起作用——分解。"澳大利亚魔术师之梦"这一魔术由四个主要步骤组成：第一步是将卡牌放在已知位置，设置好范围；第二步是弃置志愿者选择的半数左右的卡牌，同时让志愿者相信这是出于他们的自由意志，他们的选择有能力改变结果（当然，实际上并没有）；第三步是处置剩余的卡牌，直到剩下最后一张；最后一步则是揭晓预测。我们可以将这四步写成详细算法，结果如图5（a）所示。

请注意我们如何在这个例子中使用抽象这个技巧：那就是隐藏细节。在图5（a）所示的算法中，我们隐藏了如何完成这四个步骤的细节，没有说明如何重复弃置每一张"走"牌（即每两张弃置一张）。对于此类细节，可以分别写出迷你算法，如图5（b）所示，我们给出了"重复弃置'走'牌"这个步骤的算法。

放置卡牌，设置范围

弃置大约一半的卡牌

重复弃置"走"牌

展示预测牌

（a）"澳大利亚魔术师之梦"算法的简略版本

重复弃置"走"牌

重复4次

重复如下操作直至无牌：弃一张牌，留一张牌

（b）重复弃置"走"牌的算法

图5　使用分解这一技巧来描述如何表演"澳大利亚魔术师之梦"

事实上，在原始版本的算法中，我们已经对其他每个步骤都进行了抽象，因为我们想让读者在不拘泥于细节的情况下得到全局的认知。

这种分解有利于我们理解算法。只有当我们需要了解这些步骤是如何完成的，而不是可以用来做什么时，我们才需要查看细节。如果你想通过一张速写纸来帮助你记住步骤（也可以写在手背上），你极有可能会选择更简单的抽象版本，而不是将每个细节都写下来，因为那样的话你可能永远也读不懂。又或者你只会记下一直记不住的那个步骤的细节。毫无疑问，分解能帮助你理解算法。

将魔术独立分解之后，我们还可以在其他魔术中使用这些分解步骤。例如，很多魔术都涉及对某样事物的预测。我们可以把预测结果放在一个

信封里，让所有人都能看到，就像"澳大利亚魔术师之梦"那样；也可以事先录制某位朋友拿着预测牌的视频，然后在魔术的最后播放。这就是分解的美妙之处。我们不必重复使用整个解决方案，使用（沿用）其中的一部分即可。无论什么时候，只要你的魔术需要展示预测结果，就可以把"信封"拿出来用。

通过分解，我们还可以用替代方法置换魔术中的某些步骤，在保证原有功能的同时，提升魔术效果。还是以"澳大利亚魔术师之梦"为例，我们可以把预测结果放在一个气球中，将其作为舞台装饰的一部分，最后让"砰"的一声成为我们揭示预测结果的号角。我们可以设计出气球版本的"展示预测结果"算法，并将其置换到我们原先的算法中，而不需要更改上级算法。当然，其实有两个步骤需要更改，它们分别是"设置"和"展示"，我们不可能只改动其中一个，而其他部分则完全不变。就像我们一开始提到的那样，程序员就是魔术师，他们在编写程序时也会使用这样的方式。

⊙　万无一失吗？

按照前文所述的方法弃牌，最后留在你手中的一定是原先的第16张牌——千真万确吗？如果我告诉你万无一失，你是否会相信并且愿意在舞台上表演这个魔术？你需要证据来证明这一点吗？科学告诉我们，不要相信别人的片面之词，要看确实的证据！我们需要评估这个算法，这样才能确保它每次都能正常运行。

我们该用什么方法来确保万无一失呢？其一是反复尝试，如果每次尝试都能成功，我们就有理由相信它总是能成功。程序员称这种方法为测试，测试做得越多就越有信心。但我们怎么就能确定下一次为观众的表演不会是第一次失败呢？我们能对每一种可能性都进行测试吗？这意味着我们需要对卡牌的每一种排序进行测试，对于每一种排序，我们都要检查是否志愿者无论在区间内怎么指定都不会影响最终结果。这种方法包含太多的可能性，所以相当不现实。

如果我们用逻辑思维，那就不必做这些测试了。首先值得注意的是，除第16张之外的其他牌根本无关紧要。哪怕它们都是空白的牌，也不会改变魔术的逻辑。当然，如果那样，魔术表演会变得没那么有魅力，但这不是重点。我们永远也不会那么做，那只是用来帮助我们思考的假设——这意味着我们可以根据牌的位置而不是牌面数字来判断它们。我们正在（再次）进行抽象：隐藏问题的一些细节（这次是牌面上的数字），以便更容易地进行推理。这样可以减少我们所需测试的次数。我们只需检验无论在何处将卡牌分作两摞，算法是否都能正常工作。不管志愿者指的是哪张卡牌，我们最终总是能留下第16张卡牌吗？因为只能从52个位置将卡牌分开，所以我们现在可以只测试这52种情况，检验是否每次都能留下第16张卡牌。也许你已经试验过，得出的结论是并不总是能成功！我们需要想办法来限制分割卡牌的位置。

程序员在测试程序时也面临类似的问题：无法对人们使用他们编的程序来做的所有工作进行测试。因此，他们会使用逻辑思维来构建一个测试计划：这一组测试将提供有力佐证（哪怕并不总是完美的），如果通过，那么被测试的程序可以正常运行。

然而，要进行52次试验来证明算法的有效性，感觉还是很浪费时间的，而绝大部分计算机科学家（或者魔术师）都不愿意浪费时间。为什么要做非必要的工作呢？还是让我们再做一些推理吧。我们可以画一张简单的图来代表这副扑克牌，看看当我们每隔一张牌弃置一张牌的时候会发生什么——这就是创建一副扑克牌的模型。这种计算模型是计算思维的重要组成部分。我们建议用每一张牌在开始时的位置作为这张牌代表的数字，并使用省略号"…"来表示后面可以有更多的数字（此处我们又在使用抽象）。以下就是我们的模型（体量小于32）：

1 2 3 4 5 6 7 8 9 10 11 12 13 14 15 16 17 18 19 …

如果我们从第一张牌开始，把每两张牌中的第一张牌都扔掉，会剩下什么呢？所有偶数——这意味着第16张牌还在牌堆里：

2 4 6 8 10 12 14 16 18 …

接下来，继续弃置每两张牌中的第一张牌：

4 8 12 16 …

再继续弃置，留下的牌是：

8 16

而最后一张牌则是：

16

我们可以从模型中看到，哪怕增加或减少纸牌数量，也会发生同样的事情。很明显，我们每隔一张就划掉一个数字，每次都只会剩下第16张牌。

当然，这里还有一个问题，这就是省略号——这是关于抽象的一个重点。如果你抽象时剔除了重要细节，最终可能会得到错误答案。如果你不能非常精确地思考每一种可能性，逻辑思维就很容易让你误入歧途。例如，如果志愿者在第16张牌之前把这副牌分成两部分，那么最后我们肯定拿不到第16张牌，因为它在第一次分牌时就已经被弃置了。那样的话，最后我们会拿到一张不同的牌，比如第8张——你可能早在我们开始抽象问题的时候就意识到这一点——那是另一个类似的问题，比较微妙。让我们用更大的体量再做一次建模。结果如图6所示。

1 2 3 4 5 6 7 8 9 10 11 12 13 14 15 16 … 25 26 27 28 29 30 31 32 33 34 35 36 …

2 4 6 8 10 12 14 16 18 20 22 24 26 28 30 32 34 36 …

4 8 12 16 20 24 28 32 36 …

8 16 24 32 …

16 32 …

32

图6 用超过32张扑克牌来构建的"弃一留一"模型

哇哦——如果一开始用32张或更多的牌来做试验，我们最终会得到第32张牌而不是第16张。由此可知，即使我们一开始就确保第16张牌不会被丢弃，魔术也不会总是奏效，所以不要太天真哦！为此，我们必须增加另一个附带条件。为了让魔术奏效，我们的逻辑论证表明，第一次分牌必须在第16张牌之后和第32张牌之前进行。这就是为什么你一定要告诉志愿者你需要弃置"大约一半"的卡牌，这一点非常重要。还有，其实你的真实意图并非"大约一半"，而是非常精确地介于第16张牌和第32张牌之间的某处。这就是为什么在志愿者指出切分位置的时候，你要摊开双手，分别放在第16张牌和第32张牌之上。这是为了确保即便志愿者没有意识到你的真实意图，整个魔术的前提条件（程序员称之为先决条件）也能得到满足。

如上所述，我们使用带有逻辑思维的计算模型来证明这一算法确实有效，但前提是当你开始"弃一留一"时，你的牌堆中至少要有16张牌，且不超过31张。计算建模即建立包含计算过程的模型来探讨可能性。对于这个案例，我们这样做是为了摸索"澳大利亚魔术师之梦"这个魔术是否总能成功，但类似的做法也可以应用于其他的魔术。我们的模型已经给出了成功的秘诀：这并不是真正的分牌。除此之外，我们的模型还简化了许多其他的细节。在这个过程中，我们可能会基于让这个魔术成功的核心算法来考虑其他表演方式。我们将在后文继续对此展开讨论。

穿孔卡片

⊙ 寻物魔术

寻物魔术与算法有着更深层次的联系，而不仅仅是我们提到的"魔术和程序都是算法"。实际上，寻物魔术有个版本为早期计算机对存储在穿孔卡片上的数据进行搜索时使用的一种方法提供了理论基础。

穿孔卡片是一种物理卡片，被早期的计算机用作长期存储器，即保存待处理数据的地方。早期计算机用类似间谍代码的方式将信息通过穿孔留存在穿孔卡片上。两者的区别在于，间谍使用只有他们自己知道的"神秘符号"，而计算机使用的是由孔洞组成的代码，所有感兴趣的人都能知道这些代码的意思。迄今为止，计算机一直在使用一种特定的代码来表示简单数字，那就是二进制。

图7展示了数字22是如何被记录在穿孔卡片之上的。要了解如何使用穿孔卡片来搜索数据，首先需要为自己制作一套卡片，然后我们会解释如何用它们进行搜索。

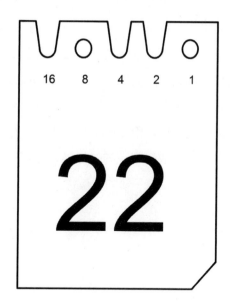

图7 表示数字22的穿孔卡片，其上的孔和凹槽表示：16 + 0 + 4 + 2 + 0 = 22

你可以从 www.cs4fn.org/punchcards/ 这个网站下载卡片模板并打印。

最好直接在薄卡纸上打印，而后在卡片上洒上滑石粉，防止它们粘在一起（不要让它们粘在一起，这一点很重要）。

在这套代码中，我们将使用孔和凹槽来表示数字，而非有孔和无孔。

你必须在卡片上剪出与代码相匹配的正确凹槽。凹槽下面的小数字之和必须等于卡片上的大数字。例如，在图7所示的表示数字22的穿孔卡片上，凹槽对应的数字分别是16、4和2，16 + 4 + 2 = 22。为了便于理解，我们需要了解一些简单的数学，也就是我们正在使用的二进制代码。

⊙　浅探基数

我们首先要明白，二进制只不过是一种表示数字的方式。当你用二进制来表示数字时，只能使用数字0和1，而不是通常使用的十进制0，1，2，3，4，5，6，7，8，9。二进制的"2"和十进制的"10"是基数，用来告诉我们这种计数方式有多少个不同的数字（不同的符号）可用——如二进制，就只有两个数字可用。在穿孔卡片上，我们用孔来表示0，用凹槽表示1。请记住，二进制和十进制只是表示数字的两种不同方式。选择一种恰当的信息表示方式是计算思维的另一个重要部分。

我们先来看看十进制，将其和二进制进行比较。在十进制中，我们使用0到9的数字计数，当这些数字用完的时候就必须使用新的数位。我们返回到0，把1代入下一数位，在这一新的数位中，1即表示10，如图8所示。

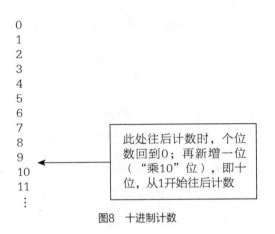

图8　十进制计数

新增数位中的任何一位都是第一位（个位）中相同数字的10倍。在十进制中，16用1个10（十位数，相当于1乘10）和6个1（个位数，相当于6乘1）来表示，10和6相加得到16。以此类推，987等于9个100、8个10和7个1加在一起。

100	10	1
×	×	×
9	8	7
900 +	80 +	7	= 987

二进制的计数方式与之类似，只不过我们很快就会把数字用完。1之后我们就必须添加新数位，而不是一直到9（图9），这意味着二进制的数位现在从右到左依次代表乘1、乘2、乘4、乘8等，而不是乘1（个位）、乘10（十位）、乘100（百位）。

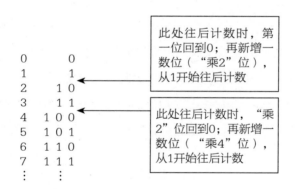

图9　二进制计数

如果我们用二进制来表示数字5，就会得到101，$1 \times 4 + 0 \times 2 + 1 = 5$。

当我们用5位代码来表示"5"这个数字时（我们会在穿孔卡片上使用这种代码），十进制里的5用二进制表示就是00101。

16	8	4	2	1
×	×	×	×	×
0	0	1	0	1
0 +	0 +	4 +	0 +	1	=	5

以此类推，16就是10000。

16	8	4	2	1
×	×	×	×	×
1	0	0	0	0

16+   0+   0+   0+   0   =   16

注意，在二进制里，除了右边第一位外，其他所有数位换算后都是偶数（乘2、乘4、乘8等，都是2的倍数）。因此，当我们在做换算时，加总得到奇数的唯一方法是右边第一位为1。请记住，所有奇数的右边第一位都是1，所有偶数的右边第一位都是0，这个常识在后面会发挥重要作用。

二进制穿孔卡片

二进制跟我们的穿孔卡片有什么关系呢？答案是我们可以把二进制数存储在卡片上，用孔表示0，用凹槽表示1。要把数字5存在穿孔卡片上，从左边开始，我们需要一个孔（0），再是一个孔（0），然后是一个凹槽（1），接着还是一个孔（0），最后是一个凹槽（1）。至于数字16（用二进制表示为10000），可以用一个凹槽后面加4个孔来表示。有了5个孔的空间，我们可以在一张卡片上存储不超过31的数字。只要有足够的空间，我们就可以像这样存储任何数字。相应的穿孔卡片如图10所示。

一旦我们将一个数字以孔和凹槽的形式存储在一张二进制穿孔卡片上，我们就可以很容易地找到我们想要的任何一张卡片。在这里，"走""留"分牌法开始大显身手。

将一叠二进制穿孔卡片排列整齐，确保它们以相同的方向放置，缺角整齐，上面的孔洞也排列整齐。现在用铅笔穿过最右边的孔，抖一抖，把这一位是凹槽的所有卡片都抖出来。这样一来，所有右边第一位是1的二进制数都被抖掉了（记住，这些都是奇数），只剩下那些右边第一位是0

的数。现在，让我们回到你要找的卡片所对应的二进制数。如果该二进制数的右边第一位是0，则弃置"走"牌，即弃置被抖出的卡片。如果目标二进制数的第一位是1，那么就保留"走"牌……依次对每个孔进行同样的操作。

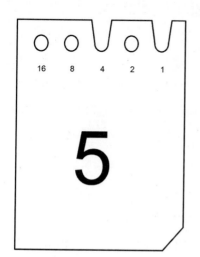 

（a）表示数字5的穿孔卡片，其上的孔和凹槽表示0＋0＋4＋0＋1　　　　（b）表示数字16的穿孔卡片，其上的孔和凹槽表示16＋0＋0＋0＋0

图10　演示二进制编码的穿孔卡片示例

下面让我们看一个例子：寻找卡片16，其二进制数是10000。从右到左：

槽位1：0——丢弃被抖落的卡片；

槽位2：0——丢弃被抖落的卡片；

槽位4：0——丢弃被抖落的卡片；

槽位8：0——丢弃被抖落的卡片；

槽位16：1——保留被抖落的卡片。

重复丢弃"走"牌，直到第五轮才保留"走"牌，你就能得到卡片16。只要像这样利用二进制代码，你就能找到任何牌。接下来，我们试着找出卡片5，其二进制数是00101。从右到左：

槽位1：1——保留被抖落的卡片；

槽位2：0——丢弃被抖落的卡片；

槽位4：1——保留被抖落的卡片；

槽位8：0——丢弃被抖落的卡片；

槽位16：0——丢弃被抖落的卡片。

现在你手里留下的最后一张卡片就是5。

什么原理？

事实证明，你抖落这些穿孔卡片的行为，其本质与"澳大利亚魔术师之梦"这个魔术里的分牌完全相同。要看穿这一点，我们只需更多一点的逻辑思维，来对正在发生的事情做出严谨的论证。

以寻找数字16时第一轮被丢弃的卡片为例。抖落并弃置的第一批穿孔卡片是所有槽位1为凹槽（1）的卡。数字1，3，5，7等所有的奇数在那个位置都是凹槽（1），就像在"澳大利亚魔术师之梦"第一轮的"走""留"中，我们弃去所有的"走"牌。如前所述，将二进制数转化为十进制的方法是将其每一位乘以对应数位值后加总（比如5 = 1×4 + 0×2 + 1×1）。最后一位数字（即槽位1）是区别奇数和偶数的关键，因为其他数位的值都是偶数（2，4，8，16，…）。

关于为什么使用二进制穿孔卡片在第一轮中抖落所有奇数还有另一种思考方式，它稍后将帮助我们了解为何其余步骤也能够成功。我们从十进制转换成二进制开始，将0，1，2，3，4，…写成二进制是000，001，010，011，100，…，第一位（乘1位）总是循环出现0，1，0，1，这意味着如果我们扔掉所有第一位是1的卡片，就等于弃置所有的"第二张牌"。

我们已经证明在第一轮中，抖落半数穿孔卡片和"澳大利亚魔术师之梦"的分牌本质相同。取出所有奇数卡片后，我们继续用铅笔穿过穿孔卡片上的下一个孔，也就是二进制数字的槽位2，再抖落所有此处为凹槽的卡片——这就把转换时加数中出现2的数字都筛掉了。例如6就是其中之一，其二进制写法是110，6 = 4 + 2 + 0。槽位2为凹槽的卡片包括2（二进制代码10）、3（二进制代码11）、6（二进制代码110）、7（二进制代码111）、10（二进制代码1010）、11（二进制代码1011）等。其中所有的奇数在上一轮已被筛掉，所以这一轮被抖落的卡片是2，6，10，…对于第一轮剩下的卡片来说，还是隔一弃一，这跟"澳大利亚魔术师之梦"第二轮分牌别无二致。

让我们看看二进制计数系统在右边第二位上的规律，就可以找到原因。它的循环规律是0，0，1，1，0，0，1，1，0，0，1，1，…，你可以在下面一组三位二进制数序列中看到这种循环模式。

0	0 0 0
1	0 0 1
2	0 1 0
3	0 1 1
4	1 0 0
5	1 0 1
6	1 1 0
7	1 1 1

之所以会出现这种模式，是因为在二进制计数里，右边第二位仅当第一位完成一次0，1循环之后才会变动一次。如果我们已经筛选出所有第一位是0的数字，那么我们得到的规律就不再是0，0，1，1，0，0，1，1，0，0，1，1，…，而是0，1，0，1，0，1，…，就像这样：

0	0 0 0
2	0 1 0
4	1 0 0
6	1 1 0

如果对第一轮筛选后剩下的穿孔卡片进行第二轮筛选，我们实际上做的与第一轮相同：丢弃所有的"1"，也就是弃置每个"第二张穿孔卡片"，因为现在中间那个数是"1"的卡片就是上面的序列中的"第二张穿孔卡片"。

每一轮都会发生同样的事情。实际上，我们每次都在对上一轮留下的卡片做隔一弃一的操作。两者之间的区别是：穿孔卡片上的数字指的不是卡片的位置，而是用孔和凹槽来表示的二进制代码。这意味着无论怎么洗牌，我们总能找到目标牌。两者还有一个区别在于，可以一气呵成地筛掉所有不需要的穿孔卡片。一轮又一轮地走牌和留牌既缓慢又无聊，而筛选穿孔卡片的速度会非常快。

在计算机科学的术语中，卡牌魔术使用的是序贯算法：我们一次做一件事，即每次移动一张牌。大多数计算机程序是这样写的：指令一个接一个排列在一起。而搜索穿孔卡片则是并行算法的一个示例。我们并非一次只做一件事（至少在某些步骤上是这样），而是一次做许多事情——一次抖落很多卡片。由以上叙述可得知，纸牌魔术的"寻物"很慢，而穿孔卡片"寻物"的速度非常快——并行算法是编程的未来。随着新一代技术的发展，制造处理器的技术不断改进，我们身边的计算机和其他设备都用上了越来越多的处理器。这就涉及所谓的"多核芯片"，它等同于一个小小的芯片上有很多计算机。我们还可以创建范围更大的计算机网络，让这些计算机可以一起有效地解决单个问题。这意味着我们要设计算法来提高做事的效率，这样一来，每个可用的处理器都能发挥自己的作用。并行算法便是我们的迫切需求。

穿孔卡片算法速度更快的另一个原因是它使用了分治法来查找，与我们在前一章看到的示例相似。只要稍微做一下归纳就能知道，我们仍然在讨论搜索算法：在搜索一张扑克牌和一张穿孔卡片。分治法是一种能够快速解决问题的通用方法，在其他不涉及搜索的情况下也很有用。正如我们之前所看到的，"分而治之"背后的秘密是将问题的数量反复减半。这对我们的卡牌来说意味着什么？每轮我们都会弃置一半上一轮剩下的牌。我们如何在剩下的牌中进行搜索？我们再做一次同样的操作，弃置一半，然后再弃置上一轮剩余部分的一半，如此类推。这里的"对半"是基于二进制而言的，并非简单的前半部分或后半部分。

当意识到这只是一个搜索问题时，我们立即想到前一章提到的解决方案都可以用来搜索穿孔卡片。最直观的方法是依次检查每张卡片，看看它是不是我们要找的那一张，即线性搜索。而分治算法则要快得多，因为它每一步都将需要搜索的范围减半。如果卡片已经排好序，我们就可以用二分法检索找到我们想要的那张。虽然那样也很快，但本章我们谈到的新办法在这种情况下会更好用，因为它不仅速度快，还能摒除顺序的影响，再怎么洗牌也依然可用。

（再次）发明新魔术

⊙　推陈出新

我们可以用类似程序员编写程序的方式来发明新魔术。程序员通常不会从零开始，而会经常通过改编现有程序的某些部分来编制新程序。同样，与其完全从一张白纸开始，还不如对一个现有的成功魔术加以改造，直到它变得与众不同。一个核心算法可以通过改编来适应不同的目的。这是泛化在起作用：魔术师将现有魔术的核心思想加以泛化。

我们还可以将不同魔术的一系列步骤结合起来，在一个旧魔术上创造一个新花样。这种方法的关键是使用分解。通过将一系列来自不同魔术的效果链接在一起，你可能会得到更加神奇的成果。例如，如果你知道一种假洗牌的手法，虽然你看起来像是在洗牌，却总是可以在洗牌结束时把那两张红桃（红桃8和红桃A）放在第16张和第32张的位置，把这个手法和

"澳大利亚魔术师之梦"结合起来，可以让你的表演变得更加令人惊叹。

还有一种方法是调整表演方式。一旦开发出一套有效的机制，且这套机制能够作为一个优秀魔术的内在基础，你就可以使用完全不同的表演方式来重新呈现这套机制，完成不同版本的魔术。你可以用不同的故事来演绎同一个算法，或者做其他更多的改动，我们将在后文继续讨论。

⊙　计算出来的新魔术

我们已经讨论过，自动魔术和计算机程序在本质上是一样的。有些魔术涉及的算法与我们之前看到的计算机使用的搜索算法完全相同。这意味着我们可以更加广泛地使用我们已有的解决方案。在"澳大利亚魔术师之梦"这个魔术中，我们不得不将第16张卡牌作为最后找到的对象；但如果是穿孔卡片，我们则可以找任何一张卡片，且只需通过其二进制代码来决定要保留哪一摞卡片。将穿孔卡片的原理带回魔术世界，你就可以发明出新版本的魔术，如可以在任何位置放置你要找的那张卡牌，不一定非得是第16张！当然，你必须知道目标卡牌的确切位置，且能够心算二进制——心算无论对魔术师还是对计算机科学家来说都是一项有用的技能。

你还可以更进一步修改魔术，而不仅仅是像这样对其进行轻微的修改。如果你能把刚才的魔术抽象成算法背后的数学模式，明白魔术生效的原理而不单是了解组成魔术的步骤，那么你就能发明出一个新魔术。

⊙　挑一堆

让我们看看如何将以上提到的改进运用在"澳大利亚魔术师之梦"这个魔术当中。我们已经试验过穿孔卡片是可行的，因为在每一个步骤中，我们都可以根据目标卡片的二进制代码来弃牌或者留牌。第一轮我们可以筛出编号为奇数的穿孔卡片，即二进制数的第一位（乘1位）是1的数，如1，3，5，7，…（二进制是0001，0011，0101，0111，…）。下一轮我们筛掉编号为2，6，…（二进制是0010，0110，…）这些在二进制数的第二位（乘2位）是1的卡片，筛掉的这些并不是所有第二位是1的二进制数，因为其中一些在上一轮就已经被筛掉了。如果我们列出所有第二位是1的卡片，可以得到2，3，6，7，10，…（二进制是0010，0011，0110，0111，1010，…）。再下一轮，我们筛出第三位（乘4位）是1的二进制数，完整的列表是4，5，6，7，12，…（二进制是0100，0101，0110，0111，1100，…）。注意这里还有另一个规律：每个列表中的第一个数字可以显示其对应的二进制乘数（乘1、乘2、乘4……）。

在这个规律的基础上，我们可以发明一个新魔术：把1，3，5，7，9，11，13，15这些数字写在第一堆卡片上；第二堆卡片上面的数字分别是2，3，6，7，10，11，14，15；第三堆卡片上面的数字是4，5，6，7，12，13，14，15；第四堆则是8，9，10，11，12，13，14，15。每一堆卡片都可以随意洗牌，不用在意顺序。

洗好卡片之后，请志愿者想一个1到15之间的数字，并记在心里，不能告诉你那个数字是多少。接下来，你拿出一堆卡片，一张一张地放到桌上，同时向志愿者解释，你能在他们看卡片的时候读懂他们的想法，即使不看他们只看卡片也可以。放完卡片之后，询问志愿者他们心里想的数字是否在这堆卡片中，这一额外的"测谎检测"可以帮助你校准他们的想法。如果他们说在这里面，那就留下这堆卡片；如果不在，就弃置这堆卡片。对每一堆卡片都执行这样的操作。放完四堆卡片，你就能告诉他们心里想的是什么数字！你是怎么做到的？

你只需要记住每一堆弃置的卡片中最小的数，把它们加起来，就能得到志愿者想要的数字。为什么？因为那些最小的数代表这堆牌中所有数字的二进制乘数。如果这堆是弃牌，那么该神秘数字的二进制数在这一位上是1。把不同的乘数值加起来，就可以把二进制数变回十进制数。例如，如果志愿者弃置了1开头的卡片堆和4开头的卡片堆，就等于告诉你那个数字是二进制的0101，也就是十进制的5（0×8 + 1×4 + 0×2 + 1×1 = 4 + 1 = 5）。

如此一来，你就在旧魔术的基础上发明了一个新魔术。

⊙ 魔术师笔记

"第16张牌"这一规律据说源起于计算机程序员和著名魔术师亚历克斯·埃尔姆斯利于1958年在魔术杂志*Ibidem*上刊登的一个魔术："7–16"。亚历克斯·埃尔姆斯利可能是有史以来最有名的魔术师之一了，他的算牌技巧甚至以其名字命名为"埃尔姆斯利算"。

⊙ 从魔术到程序到魔术

综上所述，理解计算机科学及其背后的数学规律有利于创造新魔术，反之亦然。曾经有一段时间，魔术师从他们的魔术里得出了创新的计算方法。发明新魔术的人和发明计算机算法、编写新程序的人所做的是同样的事情。你可能听说过，非常专业的程序员经常被称为"魔术师"或者"魔法师"。确实如此，程序员真的能使用"魔法"哦！

第四章

谜题、逻辑和模式

我们如何破解逻辑谜题？逻辑思维显然是破解谜题的关键，但归纳和模式匹配则是专家的秘密技能。它们可应用于破解谜题、计算机科学、国际象棋及灭火等诸多领域。逻辑思维、归纳和模式匹配对于计算思维至关重要。

蜂巢数字谜题

⊙ 逻辑谜题

如果你很喜欢且擅长破解逻辑谜题，那么你很有可能会喜欢计算机科学。逻辑思考的能力对于计算机科学家来说比什么都重要。它贯穿计算机科学的始终，对于编写程序来说尤为重要。程序构建的基础就是逻辑，正如我们所见，清楚地思考所有可能性对于编写正确的程序（和发明魔术）至关重要。程序必须在所有情况下均可成功运行，因此在编写程序和评估程序的时候，程序员必须竭力追求细节。

当我们谈论逻辑思维的时候，在某种层面上仅意味着思考清晰，不断追求细节。但其中还包含更深一层的含义，即运用数学逻辑——如果具备此种能力，那么你就更擅于给出强有力的论点，而达成这一点的关键在于精确地运用规则，这样能使建立在逻辑之上的论点毫无漏洞。早在古希腊，哲学家就已经意识到这是一项重要技能。无论你从事什么工作，提出强有力论点的能力都很有用，这一点并非仅局限于计算机科学家。

逻辑谜题实际上就是构建论点，只是深挖到纯逻辑的层次。逻辑思考是一种可以学习和完善的技能，这一点与其他技能一样。逻辑思考需要练习（这一点也与其他技能一样），而破解谜题是一种非常有趣的练习方法。你练习得越多，你就会开发出越多的计算思维技巧来提高你的这一能力。

⊙ 关于蜂巢数字谜题

逻辑谜题的类型多种多样，但它们都依赖于同一样东西，即逻辑思考。你可能在谜题书或报纸上看过数独谜题，这其实是一种基于数字网格的逻辑谜题。让我们用蜂巢数字谜题来探索一下逻辑思维。蜂巢数字谜题是一种较为简单的逻辑谜题，其灵感来自日本谜题设计师稻叶直树设计的板块分割谜题。

　　蜂巢数字谜题由多个六边形组成，所以被称为"蜂巢"。蜂巢的各个区域用较粗的线区分开来。一个完整的蜂巢必须遵守两条规则：

　　1. 每个区域必须包含数字，最小是1，最大是该区域六边形的数量。例如，图11所示的谜题的最上方区域包含四个六边形，因此这些六边形必须填充如下数字：1、2、3和4，且数字不可重复。如果该区域包含两个六边形，如图11左下角区域，则该区域必须填充数字1和2。

　　2. 在任何方向上，共享同一条边的两个相邻数字不得为同一数字。仍以图11为例，中间一个六边形包含的数字为4，这意味着环绕该六边形的五个六边形中均不得出现4这个数字。

　　图11是一个简单的蜂巢数字谜题。继续往下读之前，你不妨试试将其破解。

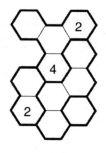

图11　第一个简单的蜂巢数字谜题

⊙ 破解蜂巢数字谜题

　　破解谜题时我用了一个逻辑推理。我的推理依据是规则、蜂巢形状和已经给出的数字。论点是已经填充的网格就是谜底——实际上确实是谜底。

　　网格右下角区域仅包含一个六边形。因此，根据第一条规则，该区域的数字最小是1，最大也是1。这意味着该区域的数字绝对是1，如图12所示。

　　接下来看左下方区域，该区域包含两个六边形。该区域肯定要填数字1和2（依据第一条规则）。由于其中一个六边形已经填了数字2，因此另一个六边形内只能填数字1，如图13所示。

　　其余两个区域各包含四个六边形。现在，我们必须更机灵点。看一下右下角的1，由于该区域的数字是1，意味着环绕该区域的三个六边形中的数字都不能是1（依据第二条规则）。但是，这三个六边形所属的区域包含四个六边形，且其中一个六边形中的数字必定是1（依据第一条规则）。这意味着不与右下角包含数字1的六边形相邻的那个六边形内肯定填1，因为也没有其他的选择了。由此，我们得到图14。

图12　右下方单一六边形中的

数字肯定是1

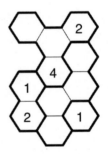

图13　左下方由两个六边形所组成

区域的另一个数字肯定是1

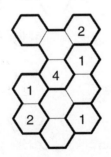

图14　中下方由四个六边形组成的区域中，仅最上方六边形中的数字可以为1

接下来，我们试试破解这一区域的数字2在哪里。由于与中下方两个六边形相邻的左边六边形里已经有2了，因此夹在右边两个1之间的那个六边形只能填2，如图15所示。

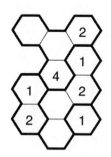

图15　中下方两个六边形与2相邻，因此中部区域的2只能填在右边的空白六边形中

由于该区域上方还有数字4，意味着与之相邻的六边形不能是4，因此4只能位于底部的那个六边形。这就确定了剩余两个六边形中3和4的位置，如图16所示。

现在，我们剩下最上方的区域待填。我们仍然使用类似的推理进行数字填充。由于相邻区域有数字1，因此最上方区域的1只能填在左上角的六边形中，如图17所示。

这意味着最上方区域的最后一个六边形肯定填3，因为最上方区域要填数字1~4，而只有3还没有填。图18给出了完整谜底。

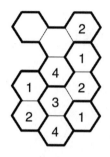

图16　由于中间有数字4，因此中部区域的4肯定在底部的六边形中，而最后一个六边形只能是3

图17　由于最上方区域右边与1相邻，因此
该区域的1只能填在左上方的六边形中

图18　第一个简单蜂巢数字
谜题的谜底

　　我们已经破解了这个谜题。我们破解的依据是两条规则和已经给出
的数字。基于此，我们不断用同样的推理破解这一谜题。我们一直使用的
逻辑推理就是演绎，我们从已知的事实和规律（这里的规律是谜题规则）
入手，不断得出新事实。这基本就是夏洛克·福尔摩斯创造破案奇迹的方
式。他观察与人和情境有关的事实，然后据此演绎、推理出新事实。他掌
握的事实越多，据此能够演绎、推理出的新事实也就越多，这些新事实可
帮他破案。计算机科学家和数学家用的也是类似的推理。优秀的程序员正
是使用这种推理使他们相信自己的程序总是可行的。

推导规则

⊙　匹配模式、创建规则

　　至此，我们已经直接从两个规则中演绎、推理出了新事实。随着你破
解的谜题越来越多，获得的经验越来越多，你会逐渐开始用一种不同的方
式来破解谜题，开始使用你自己形成的计算思维技能，比如将模式匹配用
于你之前已经见过的情境。这可以让你更快、更轻松地破解谜题。下一步

就是归纳，将模式匹配的情境扩展开来，而不是仅将其用于完全相同的情境。随着经验的积累，你开始创建更加快捷、更加通用的新规则。基于这些更强大的规则，你可以在更高层次上进行逻辑推理。我们能这样做的原因是，我们不再像之前那样将逻辑推理直接用于破解谜题，而是用于创建新规则。这样一来，你就能够确信新规则仍旧遵循基本的规则。接下来让我们用若干示例解释这些规则。

⊙　单一六边形规则

回到我们前面破解的谜题，我们推理出，当一个区域仅包含一个六边形时，其数字肯定是1——直接遵循第一条规则。认识到这一点，我们不必进一步思考，便可以将其当作从原始规则推导出来的一条新规则。

3. 如果（IF）某区域仅包括一个六边形，那么（THEN）该六边形内的数字是1。

我们可以通过图形来表示这一规则，而非仅仅用文字说明，如图19所示。我们用箭头表示对蜂巢所做的更改。在左边，我们画的是模式匹配的位置；在右边，我们画的是当发现匹配时做出的更改。此类规则叫作生成规则、推理规则或重写规则。这一图解规则说明，如果我们发现一个空白六边形，那么我们可以将其变更为包含数字1的六边形。

图19　单一六边形规则

现在，我们可以直接使用这一规则，而不必思考其成因。这时候我们的逻辑思维得以在更高层次上运作，至少在这一简单情境中是如此。

⊙ 双六边形规则

我们还可以为包含两个六边形的区域创建新规则。我们发现，如果一个区域包含两个六边形，且其中一个六边形已经填充数字2，那么另一个六边形肯定填1，如图20所示。

我们可以将此看作从实际谜题示例中归纳出来的规则。不管2填在哪个六边形里，这一逻辑均适用。上下颠倒也适用！即使两个六边形在任意方向进行对角连接，这一规则仍适用。

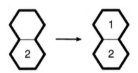

图20　简单的双六边形规则，其中一个六边形已经填了2

我们还可以进一步归纳这一规则。根据同样的推理，如果一个区域由两个六边形组成，且其中一个六边形已填充数字1，那么另一个六边形肯定填2，如图21所示。

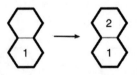

图21　简单的双六边形规则，其中一个六边形已经填了1

将上述两个单独的规则相结合，我们可以归纳得出一个完整的规则：

4. 如果（IF）一个区域由两个六边形组成，且其中一个六边形填充数字1或2，那么（THEN）另一个六边形填2或1。

我们还可以用图形表示：用字母x代表任一数字（正如数学家在代数

中将x和y用作变量一样）。这次用这一规则的时候，x可以代表1；下次用的时候，x可以代表2。只要中途不变动即可。这一规则的图解如图22所示。在图形中，我们用$\bar{x}$代表另一数字。因此，如果x是1，那么$\bar{x}$就是2；如果x是2，那么$\bar{x}$就是1。这一规则适用于任何包含两个六边形的区域，无论这两个六边形以何种方式进行旋转连接，均以这两个数字为中心。将这一图形中的x设置为1或2，就回到了我们的初始规则（包括初始规则图形）。我们开始发明一种类似数学的符号，这与数学家使用的符号如出一辙。这让我们拥有了一种讨论事物的精确方式。随着我们的规则变得愈加复杂，不犯错变得愈加重要。

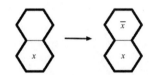

图22 归纳得出的双六边形规则

现在，我们不是用谜题的初始规则从给定事实中推导新事实，而是在这些初始规则的基础上推导出能够成立的"更广泛"的新规则。此类规则被称为导出的推理规则。无论何时发现匹配我们某一新规则的模式，我们不必思考其成立的原因，只需直接运用这一规则即可。由此，我们已经从规则成立的原因中抽象出来了。

⊙ 角落规则

我们来看一下如图23所示的示例，在简单的蜂巢数字谜题谜底的基础上创建一个更为通用的规则，事实证明它很有用。在右下角，我们可以演绎、推理出旁边由四个六边形组成的区域内的1应该填在哪里。我们能够推理出这一点的原因在于，相邻区域已经有数字1了，如图23所示。

如图23所示，*a*、*b*、*c*或*d*中肯定有数字1。但是，根据谜题的第二条规则，与给出的1相邻的六边形不能填1。这就剔除了*a*、*b*和*c*，*d*肯定是1，因为只有*d*所在的六边形没有与右下角1所在的六边形相邻。我们可以将这一推理绘制为重写规则图形，如图24所示。

当然，任何空白的六边形可以填上任何其他数字，且这一规则仍然适用：这就是归纳新规则的另一种方式。而且，跟前面一样，我们模式匹配的数字不必非得是1。它可以是更大区域里的任何数字。如果我们仍用字母*x*代表任何数字，那么这个规则就变成了图25所示的归纳版本。

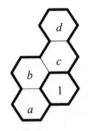

图23　一侧被多个六边形环绕的1

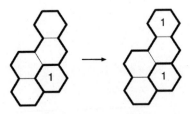

图24　简单的角落规则

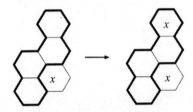

图25　归纳得出的角落规则

现在，我们可以将规则进一步归纳。我们填充的区域不必非得是完全相同的形状。新加的六边形可以位于更大区域边沿的任何位置——与角落六边形连接但不接触的任何位置。在图26所示的角落规则版本中，我们用问号作为变量，表示可能添加六边形的位置。

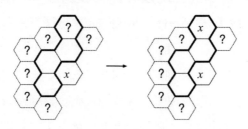

图26　根据已填充数字的六边形位置归纳出来的角落规则

我们归纳出来的规则用文字表述为：

5. 如果（IF）一个六边形与一个由四个六边形组成的区域相邻，且其中有三个六边形与该六边形接触，那么（THEN）第四个六边形内的数字与被环绕六边形内的数字相同。

和前述规则一样，这一规则同样适用于上下颠倒、左右颠倒、旋转或反射的形状。你可能已经能够想到更多方式来归纳这一规则了。

有了这一更为通用的规则，如果你能在某个谜题中发现任何模式匹配的情境，那么你就可以运用这个规则。你可以快速填写缺失的数字，即匹配x的数字。

⊙　记录规则

大多数人都不会费心思将其推导和使用的谜题规则记录下来。他们仅仅会记住之前可行的东西并在适当的时候加以运用，而不会多加思考。但计算机科学家喜欢将这类东西记录下来。这是一个好的做法，为什么呢？

这跟将算法写下来的道理类似。你可以用它们来教其他人如何破解谜题，让他们不必亲自推算（正如我们刚刚为你做的那样）。这类规则甚至还可以用来"教"计算机如何破解谜题。这样一来，就提高了事物的精确性。我们很容易将过去可行的规则记错，或者虽然已经学了某一规则但对细节的理解有误。无论哪种情况，都有可能导致规则的运用出错，或运用的情境实际上并不完全匹配规则，而将精确的版本记录下来有助于避免出现此类错误推理。

不过，我们现在要用图片突破我们的能力局限。实际上，计算机科学家往往用数学符号（形式逻辑）来解释规则。解释逻辑的语言有点像编程语言，不过它们更加灵活。它们的巨大优势在于，它们易于被计算机处理，因而成为计算机进行此类推理的依据，即逻辑成为计算机程序破解谜题的依据。

许多人工智能系统的思想基础都是使用这种生成规则进行编程。我们采用如下形式而非绘制图形将规则记录下来：

如果（IF）（出现某一情境），那么（THEN）（要采取行动）。

一系列此类规则就构成一个程序。如果某一规则适用，那么计算机就可以采取行动；如果多条规则适用，那么就可以任意挑选一条来用。这一过程循环往复，不断进行。这为编写程序提供了一种不同的范式——一种思考"程序是什么"的全新方式，而不是到目前为止我们所讨论的遵循一系列指令。

随着我们越来越擅于破解谜题，我们使用的将不仅仅是逻辑思维。我们将当下的情境进行规则的模式匹配，从而知道要使用哪一条规则。基于生成规则的程序采用的就是同一种模式匹配。它就是在做一些简单的计算思维！

将规则记录下来，进而创建这一程序，归纳与抽象并肩同行：我们将谜题其他部分的细节隐藏起来，让事情更易于分析，让规则尽可能通用化。在我们最后一条规则的图形中，我们已经使用了若干抽象元素来描述如何进行模式匹配。例如，变量*x*就是一个抽象元素。它从实际数字中抽象出来（即将实际数字的细节隐藏起来）：无论是什么数字，我们都可以运用这一规则。同样，我们也从已给出数字的区域的细节进行抽象。在规则表述中，我们还用问号表示对另一种变量从第四个六边形的位置进行抽象。我们还从规则记录方式的方位中进行抽象：可以以任何方式旋转或反射图形，以匹配谜题状态。

更多谜题

⊙ 第二个简单的谜题

图27是一个待破解的新谜题。看看你能否运用我们前述的规则将其破解。填写数字的时候，你会发现新规则依旧适用。如果我们推导出的任何规则都不适用，你可能必须回头看一下谜题的初始规则。记住，第二条规则规定，相邻两个六边形的数字不能相同（图27的谜底在本章最后）。

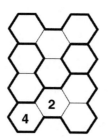

图27 第二个简单的蜂巢数字谜题

⊙ 较难的谜题

图28是一个更大、更难的谜题。在破解这一谜题的时候，注意你可能

会设计其他规则，这些规则可能当下就对破解这一谜题很有用，或对于破解其他谜题很有用。

提示：在设计新规则时，思考如果你有数行由三个六边形组成的区域彼此相邻会发生什么。

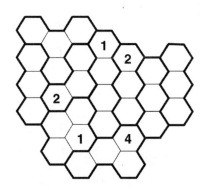

图28　一个较难的蜂巢数字谜题

逻辑思维和专门技能

⊙　逻辑思维事项

为什么逻辑思维对计算机科学家如此重要？因为逻辑思维是计算机科学的核心。计算机基于逻辑运行，进而能够编程和发出指令；而我们人类也必须进行逻辑思考，否则就可能犯错。

逻辑思维是计算思维的关键部分，贯穿其方方面面，无论手头任务是创建算法还是评估算法。在开发新程序、修改现有程序以执行新操作、寻找程序漏洞、以其他方式评估程序时，程序员都需要进行逻辑思考。

逻辑本身是非常简单和精确的数学语言。跟我们的谜题一样，逻辑也有一套规则，它被称为公理。谜题的两条初始规则就是谜题的公理。正如我们所做的那样，数学家从公理出发，推导出更高层次的规则，使他们得以大刀阔斧地进行推理。

此类逻辑构成程序语言的基础，界定了这一语言中每个结构的含义，因此，设计编程语言的人也必须进行逻辑思考。将逻辑作为编程语言的基础是我们能够用逻辑思维推理程序发生作用的原因，甚至还能够证明程序是正确的。为做到这一点，计算机科学家还对程序应当在逻辑中发生的直接作用进行了描述，然后用逻辑思维来展示程序的逻辑效果等同于其描述的应当发生的作用。

我们也看到计算机科学家甚至发明出可将逻辑规则直接当作程序本身的方法。这种编程被称为逻辑编程。在编写这种程序的过程中，会提出一些规则，这些规则在运用时会进行一些计算。如果用逻辑编程语言书写我们的谜题规则，那就会成为谜题破解程序。无论你用什么语言进行编程，都必须采用某种逻辑思维方法。

⊙ 实练专家

我们在破解谜题方面的经验越多，在智力上积累的规则就越多，也就能够更快、更轻松地破解谜题。这就是专业国际象棋手下国际象棋的方式：如果他们发现棋局中棋子的位置与之前见过的棋谱相似，他们就会依据经验走出下一步棋，经验表明这会是一步好棋。通过这种思考方式，他们不必思考接下来的大量行棋，那对人类而言是耗时且容易出错的。而计算机则是探求各种可能的行棋方法，然后观察哪种方法呈现的结果最有利。专业国际象棋手之所以对国际象棋得心应手，是因为他们既使用了逻辑思维，也使用了模式匹配，并已经建立起大量关于国际象棋的非正式规则。

当然，不是只有专业国际象棋手才这样思考，我们现已发现几乎所有专家都以这种方式思考，无论他属于哪个领域。以消防员为例，当他们预感到情况很糟糕，必须在屋顶倒塌前离开着火的建筑物时，其潜意识里正在发生的场景与模式匹配过程类似。直觉就是一种基于许多经验在潜意识层面进行的模式匹配。

如果你想成为某一领域的专家，那么就开发你的模式匹配和归纳技能吧。要想成为某一领域的天才并取得惊人的成功，其经验法则是"进行10 000小时的练习"。例如，技艺精湛的小提琴家，至少练琴10 000小时。同样，最成功（已成为亿万富翁）的程序员，也练习了大约10 000小时的编程。即使是内心平和与富有同情心的修行人，也至少需要进行10 000小时的冥想才能获得内在平静。

如果你想成为一名杰出的计算机科学家，现在就开始练习你的计算思维吧。即使你不想成为一名程序员，开发逻辑思维、归纳、抽象和模式匹配等技能也会对你的职业发展、专业发展大有裨益。破解逻辑谜题是开发这些技能的有趣方法，如果你在破解谜题的同时思考你的破解方法并记录下你的规则，这一方法会尤为有趣。

⊙　谜底

图29和图30给出了图27和图28所示的两个谜题的谜底。

图29　第二个简单的蜂巢数字谜题的谜底

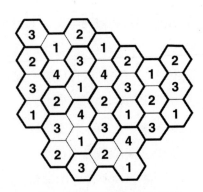

图30　较难蜂巢数字谜题的谜底

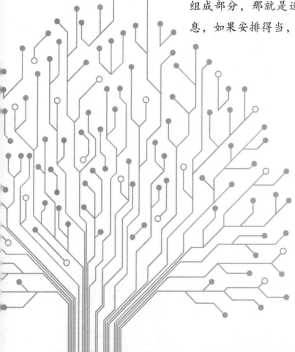

第五章

谜题之旅

为下面的三项任务找到解决方法：让国际象棋里的骑士走遍棋盘上的所有方格，且每一格只走一次；解决城市导游的难题；为旅游信息中心提供建议。运用计算思维，我们可以更好地完成这三项任务，甚至可以帮助游客打包行李。算法是计算思维的核心，可以让我们一次性解决问题，避免重复思考。同时，计算思维还有另一个重要组成部分，那就是选择合适的表现形式来呈现所涉及的信息，如果安排得当，我们就能够更加容易地得出算法。

两个谜题

⊙ "骑士巡游"谜题

在"骑士巡游"这个谜题中，单个（国际象棋）骑士可以在十字形的小棋盘上移动，先朝一个方向移动两格，然后移动到与原先轨迹垂直的那个方格里，或者相反（朝一个方向移动一格，然后朝垂直方向移动两格）。骑士也可以跨越中间的任意方格直接跳到新的方格，落脚点必须符合上述规则。"骑士巡游"可能采取的第一步移动方式如图31所示。

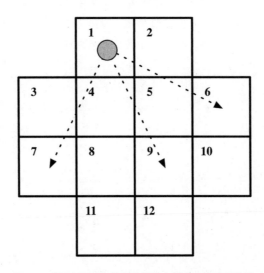

图31　"骑士巡游"谜题中骑士在棋盘上的移动轨迹

你必须找到一条移动轨迹，从方格1开始走遍棋盘上的所有方格，且每一格只走一次，最后回到开始的地方。

⊙ 让我们来解决它！

试着在解开"骑士巡游"谜题的同时给自己计时，看看需要多长时间。但是，你要做的不只是找出一条正确的路线，还要找到算法解决方案！这意味着你必须记录一系列有效的移动，而不仅仅是在棋盘上移动棋子。也就是说，你必须使用算法思维得出解决谜题的算法。你可以把算法简单写成一个数字列表，按照前后顺序排列骑士的每一步；你也可以将算法编写为一系列命令，例如"从方格1移动到方格9"——具体移动步骤由你来决定。

获得可行的算法之后，你要对其进行评估：重复一遍，仔细确认它是否确实有效。按照你写下的算法进行操作，在骑士访问的每一个方格上做好标记，这样你就可以确保自己没有违反规则：让骑士走遍棋盘上的所有方格，且每一格只走一次。如果你解决了这个谜题，那么恭喜你！如果你解决不了这个难题，也无须担心，我们将在本章后文给出更容易的办法。现在，让我们先来尝试简单一点的谜题。

⊙ 导游谜题

假设你是一名导游，而你所带领的旅行团的游客希望在一天内游览城市的所有景点。你手上有一张地图（图32），它显示了景点的位置以及如何通过地铁线路图从一个景点到达另一个景点。

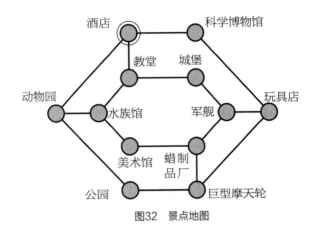

图32 景点地图

你必须制订一条路线，带领旅行团从酒店出发并游览每个旅游景点。游客只在该城市待一天，所以不想浪费时间。如果同一个地方去了两次，他们会很不高兴，而且他们希望当晚就回到酒店。

与"骑士巡游"一样，你的任务是想出一种解决方案（算法）并检验你的解决方案是否有效。你一共花了多长时间？这个谜题是否比"骑士巡游"要容易（例如解决速度更快）？

⊙ 需要什么？

为什么检验你的解决方案是否正确这一点非常重要？因为你不希望游览了一天之后才发现错过了重要的景点！谁也不想跟愤怒的游客打交道！

检验算法的一种方式是采用计算机科学家所称的空运行或跟踪算法。这意味着你在实际操作之前，需要先在纸上演算算法。你或许也会用这种方式来检验"骑士巡游"的解决方案。而对于"导游谜题"，你可以按照指示在地图上绘制路线，游览时在相应的位置打钩。

当然，作为一个真正的导游，你不仅可以在图纸上查看路线，还可以出去实地测试一下，但是先在图纸上查看可以节省很多时间。程序员做的就是这样的工作——先在纸上验证程序（空运行），然后实地验证，即进行测试。和你解谜题一样，程序员也要测试程序以确保其始终有效。

实际上，我们可以更加精确地进行评估，准确地判定哪些条件可以让我们得出正确的解决方案。如果我们能列出这些必要的条件，就在检验解决方案时对满足要求的项直接打钩。计算机科学家称此类条件为必要条件。

对于"导游谜题"，我们需要对照以下必要条件来检查答案。

1. 游览从酒店开始。

2. 游览每一个景点。

3. 不重复游览景点。

4. 以回到酒店结束。

我们可以列出"骑士巡游"谜题的要求，你或许会从中看到相似之处。稍后，我们再来讨论。

⊙　为什么这么简单?

你可能会觉得"骑士巡游"谜题很难破解，但实际上却并不难。只要更多地使用计算思维技巧，这个谜题其实很容易破解。

为什么"导游谜题"显得比较简单？因为地铁线路图清楚地显示了重要的信息，而忽略了无关紧要的细节。也就是说，它很好地对问题进行了抽象，让我们很容易看出解决方案。如果没有地图，这个过程会变得困难，即使我们知道哪些站与哪些站相连也是如此。地铁线路图是用来表示待解决问题的相关已知信息的一种特殊图形。这种特殊的图形被称为线路图。对计算机科学家来说，线路图包括一系列圆圈（我们称之为线路图的节点）和连接它们的线（线路图的边）。节点和边代表了我们感兴趣的一些数据信息。"边"显示了哪些节点的连接与待解决问题相关。除了地铁之外，旅游景点之间可能也有公路相连，那就会有另一张不同的线路图。如果我们乘坐长途汽车旅行，公路线路图就是我们需要的线路图！

⊙ 忽略它!

我们感兴趣的是旅游景点（节点）和哪些景点通过地铁（边）彼此相连，而对这些地方的其他方面不感兴趣，因此我们可以忽略其他方面。我们隐藏了确切位置和节点之间的距离、公路，以及其他与寻找一条走遍所有景点的地铁路线无关的问题。该线路图是对真实城市的抽象。我们在绘制线路图时隐藏了所有不需要的额外细节，只显示重要的信息，这使得查看解决问题所需的信息变得更加容易。线路图可以很好地表达待解决的问题。

⊙ 简化

线路图经常被用于表示事物之间的关联情况，公交车站有显示公交路线的指示牌，火车站和地铁站有火车和地铁的线路图。当你想要制订从一个地方到另一个地方的路线时，线路图是一种很好的表达形式。相比完整、准确且详细的地图，简化的线路图更容易查找路线，因为细节太多，你就很难找到重要的信息。

⊙ 哈密顿回路

事实上，计算机科学家已经给了我们正在讨论的这种游览线路图（途经线路图中的每个节点，且每个节点只访问一次，最后返回起点）一个特殊的名称，即哈密顿回路，它以爱尔兰物理学家威廉·罗恩·哈密顿（William Rowan Hamilton）的名字命名。这位物理学家开发了一个谜题，即沿着十二面体的边缘移动，到达其三维形状的每个角落——这便是哈密顿回路。

共享解决方案

⊙ 返回起点

你可能已经注意到，"骑士巡游"和"导游谜题"非常相似。如果你写下"骑士巡游"的必要条件，你可能会发现这两个谜题的要求基本相同：

1. 从指定地点开始游览。

2. 必须游览每一个地点。

3. 不能再次经过已经游览过的地点。

4. 必须在开始的地方结束。

这两个谜题都要求你找到一条哈密顿回路！我们刚刚用的是一个计算思维技巧。我们通过模式匹配将这两个问题归纳为同一类问题，即看到它们本质上的相似之处。我们将一些细节抽象化，例如酒店和旅游景点的特征，以及你是用骑士的移动方式还是通过乘坐地铁来游览。

因此，如果"导游谜题"之所以简单是因为我们有地图——用线路图来呈现问题的本质，为什么我们不用线路图来简化"骑士巡游"呢？

在完成"骑士巡游"的线路图之前，我们需要对问题做进一步的抽象，即需要搞定两件事。

首先，棋盘的布局实际上并不重要，我们不在乎棋盘的方格是不是正方形，棋盘可以是任何形状、任何大小。我们可以把每个方格都画成一个小圆圈，正如旅游景点在地铁线路图上是圆圈一样。它们只是线路图上的节点。

其次，哪些方格彼此相邻对于谜题来说其实也不重要。唯一重要的是，骑士可以在哪些方格之间进行位移。所以，如果骑士可以在某两个圆圈之间移动，我们就在这两个圆圈之间连线。这正好跟地铁线路图可以显示出哪些景点能乘坐地铁到达一样。这些线条是线路图的边。

⊙ 绘制线路图

我们来为"骑士巡游"谜题绘制线路图,在"骑士"可以到达的方格之间画出圆圈和线条(节点和边)。为确保不错过任何细节,需以有条理的方式进行。从方格1开始,画一个圆圈,标记为1。现在你可以从方格1移动到方格9,再画一个圆圈,标记为9,然后在两个方格之间画一条线。接下来,从方格9移动到方格3,画一个圆圈,标记为3,再在方格9和方格3之间画一条线。

继续画,直到你的下一步只能前往已经画好的圆,此时需要后退一步,从该点尝试不同的路线。如果没有其他的路线,请再后退一步并进行尝试。继续这样做,直至回到方格1,并且已经没有任何新路线可以绘制。这时,"骑士巡游"谜题线路图就绘制完成了。

请注意,从棋盘中心的四个方格出发时,每一个方格仅有两种移动的可能,因此在完成的线路图中,有两条边(即连线)从这几个节点出发;而所有其他方格都有三种移动的可能,因此有三条边从这些节点出发。

⊙ 深入探索

这种探索绘制线路图所需的所有可能移动方式的行为被称为图的深度优先搜索:我们探索到达终点的路线,例如沿着路线1—9—3—11……直至到达终点,然后返回,再尝试其他路线。另一种方式(被称为广度优先搜索)则是从一个节点画出所有的边及其能到达的节点,然后处理新的节点。因此,对于广度优先搜索,我们会从节点1画出所有的边,然后从节点9画出所有的边,再从节点6画出所有的边,等等。这是绘制完整线路图的两种不同算法——两种不同的遍历算法。一旦你意识到问题可以用线路图来表示，你就可以使用这两种算法中的任意一种来有条理地绘制线路图，进而解决问题。

⊙　干净利落

如果最终得到的线路图比较混乱，并且许多线相互交叉，如图33所示，你可能想要重新绘制，使其更加整洁且没有交叉的线条。那么，你可以将该线路图转画成两个相连的六边形，一个在内，一个在外，如图34所示。

绘制并整理好线路图之后，请再次尝试解决"骑士巡游"谜题。从节点1开始，沿着线条移动，留意你经过的节点。用这种方法应该相当容易就能得出解决方案。

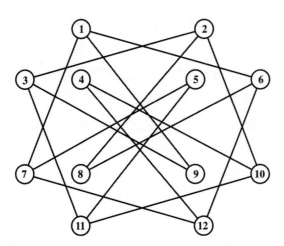

图33　以线路图形式展示"骑士巡游"谜题

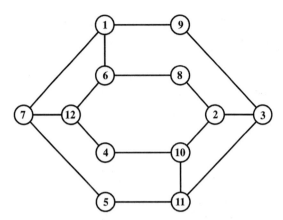

图34 整理后的"骑士巡游"谜题线路图

⊙ 同样的问题，同样的解决方案

现在，仔细查看整理后的线路图。我们将其重新绘制时没有更改任何节点和边，它看起来和地铁线路图完全一样，唯一的区别只是节点上的标记："骑士巡游"谜题线路图上的节点用数字来标记，而不是地名。

这说明我们可以将这两个问题归纳为完全相同的问题，而不仅仅是相同类型的问题。如果你有了一个问题的解决方案（解决该问题的算法），那你马上就能得到另一个问题的解决方案！你只需要重新标记线路图。算法的归纳版本将同时解决这两个问题，不需要分两次解决。

⊙ 地图之间映射

表2展示了如何重新标记线路图，使其从描述某一问题的线路图变为描述另一个问题的线路图。它还展示了如何将一个问题的解决方案转换为另一个问题的解决方案。对于某个问题的解决方案中的每一步，你要做的就是查找它，将其转换成对应的标记。

所以如果我们对"导游谜题"提出以下解决方案：

1. 酒店；

2. 科学博物馆；

3. 玩具店；

4. 巨型摩天轮；

5. 公园；

6. 动物园；

7. 水族馆；

8. 美术馆；

9. 蜡制品厂；

10. 军舰；

11. 城堡；

12. 教堂；

13. 酒店。

表2　将"骑士巡游"方格映射到导游景点

"骑士巡游"方格	导游景点
1	酒店
2	军舰
3	玩具店
4	美术馆
5	公园
6	教堂
7	动物园
8	城堡
9	科学博物馆
10	蜡制品厂
11	巨型摩天轮
12	水族馆

然后利用表2，我们立刻得到了"骑士巡游"的解决方案：

1. 方格1；

2. 方格9；

3. 方格3；

4. 方格11；

5. 方格5；

6. 方格7；

7. 方格12；

8. 方格4；

9. 方格10；

10. 方格2 ；

11. 方格8；

12. 方格6；

13. 方格1。

表2实际上是信息或数据结构的另一种表示形式，被称为查找表。给定一个"骑士巡游"方格，你可以很容易地找到相应的导游景点。不过请注意，根据景点查找方格没有如此方便。如果把景点按字母顺序排序，则查找起来会更容易。

⊙ 同时适用于两个问题的地图

图35中的地图包含了叠加在线路图上的信息，还显示了（针对两个问题的）解决方案。当然，由于可能存在多种解决方案，因此我们最后得出的实际解决方案可能会有所不同，如果是这样，则任何成功的解决方案都可以同时解决这两个谜题。

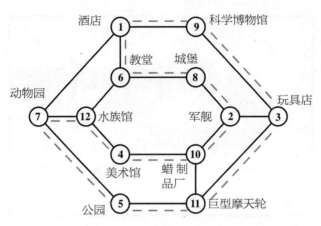

图35 "导游谜题"线路图和"骑士巡游"线路图的解决方案

也许你会很惊讶，这两个看起来明显不一样的问题实际上是完全相同的问题（概括之后），解决方案也完全相同。一旦解决了其中一个，就意味着另一个也可以这样解决！以上见解源于选择适当的抽象化，用适当的表现形式（例如图形数据结构）对两个问题进行简化。

柯尼斯堡（俄罗斯加里宁格勒的旧称）的桥梁

⊙ 游览桥梁之城

这是另一个需要思考的谜题。图36是柯尼斯堡市的地图，它显示了流经市中心的河流、两个岛屿，以及横跨该河流的七座桥梁。

旅游信息中心希望发布一条能够访问城市每个部分的路线（包括河两岸和两个岛屿），需要走过每座桥且仅走一次，而起点和终点应在同一地点。旅游信息中心要求你提供一条这样的路线，如果做不到，你得解释为什么不行。

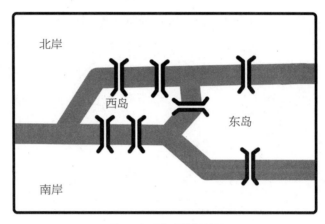

图36　柯尼斯堡桥梁谜题

18世纪，数学家莱昂哈德·欧拉（Leonhard Euler）破解了这个谜题的一个变种。他的破解方案首先引入线路图的概念。最终，线路图成为数学家和计算机科学家使用的重要的计算思维工具。编写了有史以来第一个计算机程序的维多利亚时代的计算机科学家查尔斯·巴贝奇（Charles Babbage）和阿达·洛夫莱斯（Ada Lovelace）在19世纪曾尝试破解这个谜题。

⊙　逻辑思考

计算思维的核心是能够有逻辑地思考。一个好的表现形式可以消除杂乱无章的信息，帮助你专注于重要的事情——莱昂哈德·欧拉在研究柯尼斯堡桥梁谜题时发现了这一点。当时，他提出了针对问题绘制线路图的想法（图37）。线路图帮助他对问题进行了非常清晰的思考。

查看线路图时，他意识到不可能找出这样一条路线。为什么？因为任何合适的路线都必须访问每个节点，还必须通过每一条边且仅能通过一次（边代表桥梁，我们被告知，所需路线必须穿过且只能穿过每座桥梁一次）。假设有这样一条路线，我们用虚线箭头来表示，所有的边都必须在这条路线上。现在，查看如图38所示的路线上的节点：对于每个节点，必须有一条虚线用于抵达，也有一条虚线用于离开。倘若多出一条额外边，僵局就会出现——这时候，如果不回头再次经过已经走过的桥，就没有出路。这个推论适用于每个节点，意味着所有节点必须有偶数条边连接，这样才能完成游览。

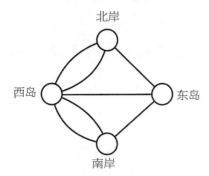

如果沿无箭头的边进入，你就没办法离开！

图37　以线路图形式展示柯尼斯堡桥梁谜题　　图38　为什么柯尼斯堡桥梁谜题无解？

柯尼斯堡线路图上所有节点的边数均为奇数，因此不可能找到一条符合要求的路线。但是，在欧拉所在的时代之后，柯尼斯堡河上建起了一座新桥梁，如今的线路图已然有所不同。现在，该市的导游比之前轻松多了。

旅行和打包行李

⊙　真正的游览

我们之前已经探讨了一些制订路线的简单谜题。现在，让我们来看一个真实的问题：假设有位销售代表每天需要在其卫星导航上设定一项任务——绘制拜访位于不同城镇的一系列客户的最短路线，最终返回办公室，其间不返回已拜访过的客户处。

我们可能可以计算出这样一条最短的路线，但在合理的时间内做到这一点通常是不现实的。即使有20个客户要拜访，你也无法保证每天都能找到最好的解决方案，因为那会花费很多时间。这不是有更快的卫星导航、更快的计算机就能解决的问题。如果把目的地的数量增加到足够多（实际上并没有那么多），那么即便使用最快的计算机，找到一个完美的解决方案所花费的时间也需要经年累月！为什么？因为每多访问一个目的地，需考虑的可能性就会激增。我们可以对卫星导航进行编程以得出答案，但并不能保证一定完美，有时可能并不能找到最短的路线。举个例子，我们可以使用一种叫作贪心算法的算法。让我们通过改变问题来获得思路。

⊙ 节日打包

假设你要去度一个长假，你的行李箱被敞开着放在床上。你已经把衣服装进了行李箱，现在开始打包其他东西。你有一堆东西想要带走：书籍、棋类游戏、拼图、纸牌、绘画用具……你能想到的每一件能让你放松的物品。每件物品大小不同，你要把它们都放进行李箱，你会怎么做呢？你可以尝试不同的选择，比如先放拼图，然后放纸牌、书籍等。如果有足够的空间，那当然最好；但如果空间刚刚够用，或者你想用最少的行李箱把所有东西都装进去，你可能会遇到问题。

贪心算法是一个很好的选择。它或许不能帮你把所有东西都装进尽可能小的空间，但通常可以很有效。你怎么选择先装什么？贪心一点。把最大的物品放进去，尽可能多地占用空间；然后放入第二大的物品，依此类推。如果某件物品放不进去，则将其放入下一个箱子。我们很直观地就能看出这很有用，因为你可以先解决大的物品，然后把较小的物品装进变小的空间。这是一个很好用的探试算法。探试算法可以得出可行的答案，但并不能做到完美，不保证一定能得到最佳答案。

⊙ 重新上路

贪心算法的基本思路适用于制订推销员的路线——应用相同的思路（归纳法），每走一步，选择离你最近的城镇作为下一个拜访地点。这样并不总能得到最好的答案，但通常能在合理的时间内得到一个可行的答案。

⊙ 好的、坏的和丑的

如果我们进行适当的归纳，可以发现制订路线的共同思路，那就是画线路图——这在各种各样的问题领域一次又一次地出现。一旦你意识到某个问题可以画成线路图，那么就有大量算法供你使用。于是我们就会发现有些问题变得很容易，而有些则不可能解决。然而最有趣的是，如果有些问题的体量变大，就会变得不切实际。为问题选择正确的表现形式很重要，选择算法也很重要。例如，如果有个问题非常难解决，你最好采用探试算法——认识到这一点很关键。

你选择的表现形式和算法可好可坏。尽管有些表现形式和算法称得上"赏心悦目"，但它们在解决问题时展露出的"优雅"只能令人愉悦，并不能真正解决问题。

第六章

为"新人类"构建
自动程序

了解了计算思维的基础知识，现在让我们来探索计算思维如何为机器人构建大脑吧！打造机器人的身体很有趣，但是没有大脑的机器人又能做什么呢？接下来，让我们来研究机器人的制造史，探查其要点，然后构建一个聊天机器人的大脑。

机器人的"历史"

⊙ 令机器人遭受恶名?

"机器人"这个名字最早出现在发表于1921年的剧作《罗素姆的万能机器人》中,作者是捷克著名的作家卡雷尔·恰佩克(Karel Čapek)。这部剧作讲的是在一个隐蔽的小岛上,有家工厂正在制造外貌与人类相差无几的机器人,这种机器人劳动力的成本只相当于人力的五分之一。随着剧情的推进,熟悉的情节逐渐展开,你会相信吗?这部剧作的结局是除了一个人之外,其他所有人都被机器人杀死了。在最后一幕自我牺牲的场景中,两个机器人坠入爱河,帷幕缓缓落下。

人们普遍认为,这部剧作通过科幻小说的形式讲述了一个凄凉的故事,反映了恰佩克对于极权主义社会的担忧。如果恰佩克原本要写的是另一个不同的政治故事,媒体可能会以一种没那么邪恶的口吻来谴责机器人。恰佩克选择"机器人"这个词来突出他的观点,其原因是robot这个词源自捷克语robota,意为"受到强迫的苦力或农奴"。他最初想把这种生物叫作labŏri(源自拉丁语labor,意为"去工作"),但后来并没有这样做,而是去问哥哥约瑟夫(Josef)的意见,而后者提议用robota。恰佩克兄弟俩既为机器人起了名字,又为其在西方世界的现身创造了动力——当时这一技术刚起步——使制造机器人成为可能。

对你来说,机器人是什么?

对于什么是机器人,我们现在有很多种不同的观点。不过,按照最简单的定义，机器人是一种由程序引导动作的机器。我们往往把机器人视为一种拥有胜任世界相关职业能力的大型机械人，其实洗衣机也是一种机器人——它也由计算机控制，只是它没那么"狂妄自大"，仅能按照不同速度和温度洗衣服而已。同样，机器人也可以仅由软件构成。它们可以是在数字世界中执行动作的程序，比如在视频游戏中扮演虚拟角色，从网站抓取数据来创建新知识或控制感染病毒的计算机。这种虚拟机器人叫作机器人程序/自动程序，虽然没有物理身体，但它们所做的事情完全符合"机器人"的定义。

让我们先快速回顾一下物理机器人的历史，之后再转向更有趣的内容：为机器人构建大脑。

⊙　历史与想象故事

物理机器人的故事实际上是人类世界历史的重要组成部分。3世纪，中国的《列子》一书曾记载，一位机械工程师偃师为中国皇帝周穆王制造了一个人形机器人。这个机器人如真人般大小，近人形，由皮革、木头和人造器官制成。古希腊克里特岛神话故事中的塔罗斯（Talos）由青铜铸就，守护着欧罗巴岛，使其免遭海盗侵扰；犹太传说中也有关于黏土魔像的故事，这种由黏土制造的巨人能够根据放到自己嘴里的书面指示行动。

这些都是有趣的故事而已。实际上，亚历山大的希罗（Hero of Alexandri）很可能是最早真正设计和制造机器人的那批人中的一员，希罗是一位古希腊数学家和发明家，他发明出由气压、蒸汽和水供能的移动机器。13世纪，工程师艾尔–加扎利（Al–Jazari）在1206年出版的《精巧机械装置的知识》（亦叫《精巧机械装置知识书》）一书中描述了可编程人形自动机。这种人形自动机是一条船，上面载着四个音乐小人，漂浮在湖面上招待宾客；通过改变转鼓上木楔的位置可以变换音乐，因此木楔在不同时间可以启动不同的打击乐器。

之后，发条机这种在18世纪的欧洲宫廷扮演娱乐角色的精致机械玩偶最终演变成电子机器人。通过控制论（研究动物和机器如何控制其行为）先驱沃尔特·格雷（Walter Grey）等科学家的著作，我们开始了解和认识机器人的用途以及制造机器人的复杂性。

如今，我们家里的机器人不仅有洗衣机。你可能听过有人家中配有扫地机器人，即使人不在家，这种机器人也可以打扫房屋，此外还有除草机器人，以及能够自动停车入库的汽车等。配备自动驾驶仪的现代飞机甚至可以自动安全起飞和降落——如果你出门度假，当目的地出现严重大雾天气时，那么飞行员可能会将飞机交给自动驾驶仪来实现降落。为什么？因为相比人类飞行员，自动驾驶仪能降落得更安全。同样，自动驾驶汽车通常也比人类驾驶员行车更安全。这仅仅是机器人步入我们生活的开端，机器人非常聪明，强大的人工智能（artificial intelligence，AI）让它们可以学会如何比我们人类做得更好。

构建机器人大脑

⊙　层层建造

其实，机器人大脑才是最有趣的部分。那么，大脑是如何构建的呢？不同类型的信息在人脑的不同位置被加工，然后以某种方式被组合起来，形成一个有效的整体——这一问题也存在于机器人学和人工智能中。

构建一个最简单版本的机器人大脑相当简单：仅需一个能让机器人随机移动的电子线路即可。下一步，则是让它对周围发生的事情做出反应。实际上，制造一个能够像最简单的生命形式那样感知世界并对感知到的事情做出反应的简单机器人也并非难事。例如，有这么一种简单机器人，在感知到巨大声响时，其电路可以反向操作电动机。有的机器人会在黑暗的地方停止移动，而拥有太阳能电池的机器人有往明亮的场所移动的倾向，以便充电（或称之为"进食"）。也有些机器人可以相互探测到对方，以便在移动的时候保持适当的距离。

当然，基于不同类型的传感器，机器人对其"所感知到的"世界的认识可能与我们不同。例如，我们可以制造借助声呐来"看"的机器人，就像蝙蝠对周遭物体进行回声定位那样，它们可以根据回声定位确定飞行方向，从而避免撞上检测到的物体。

如果我们获得所有这些部件（它们每一个都具有对外界做出反应的简单方式），然后将这些部件组合到一起，那么我们就可以让机器人做一些有趣且更加复杂的行为，例如设计出能够寻找能量来源，但在感知到危险时躲进暗处的机器人。每个部件都可以分开设计，然后组合起来变成一个更加复杂的整体。这就是从计算思维的角度对分解进行的阐述，应用于机器人的设计后能够使其做出更加复杂的行为。

机器人制造专家罗德尼·布鲁克斯（Rodney Brooks）提出了一种很简单的方法。这种包容体系架构就像一个多层蛋糕，每一层在激活后都会触发不同的行为，比如随机移动或对光做出反应。当更高层次的行为被激活时，较低层次的行为会被归入（纳入或吸收到）更高层次中。这是一种与分解相结合的抽象。

更加复杂（更高层次）的机器人的控制系统内部对世界有着某种简单的描述。倘若机器人居住的世界出现特定情形，比如听到危险信号（利用模式匹配算法），它们就可以知道要触发怎样的一系列行为以及以什么样的顺序触发。

有时候，会发生一些设计者意料之外的行为或事情，在这种情况下，人工智能或机器人系统会按正确顺序触发一系列简单的行为，即引发紧急行为——这种行为模式并不属于制造机器人时预先设置的单个行为。例如，软件系统"类鸟群"（boids）就是对鸟类飞行规则的简单模仿。这一系统的规则包括沿附近任何鸟群的同一平均方向移动，同时避免离鸟群太近。从这些简单的规则出发，这个系统对真实鸟类集群的模式进行了"优雅"的复制。

⊙ 自然选择

到目前为止，我们介绍的都是直接设计和制造的智能行为。其实还有另一种方式，那就是通过类似于自然选择的过程为机器人创造大脑。自然选择的作用原理是适者生存。就好像每一代孩子都在为生存而战，而只有当他们在生存竞争中表现优异时，才能成长并拥有自己的孩子，如图39所示。

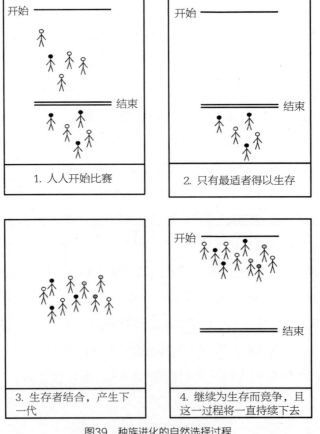

图39　种族进化的自然选择过程

那些有孩子的人将自己的成功特征传给了自己的孩子，这些特征包含混合和变异成分，这意味着这些孩子不是他们父母的绝对复制品——他们在生存竞争中可能表现得更好，也可能更差。之后，所有人都必须跟自己竞争。在一代又一代人中，只有那些在竞争中表现优异的人才能存活下来，而这一群体逐渐在竞争中变得更加强大。当然，在真实生活中，这一过程是持续不断地进行着的，而非划分为一系列回合。

这种自然过程的计算模型引入了一种进行计算和创造软件的新方式。它先创造出具备各种可能设计的一个初始群体，每种设计都要经历适者测试，通常是计算机模拟测试。按照测试表现，将个体解决方案进行排序。留下表现最好的，再进行简单的随机更改，包括与其他生存者交换特征，从而制造下一代"孩子"，而其他设计则被抛弃。持续不断地在计算机中重复这一过程，对成千上万代"孩子"进行测试和再测试，直至出现比初始设计更强的最终优胜者。

⊙　习得行为

还有一种构建机器人大脑的方式，那就是创造一种有学习能力的软件，并向机器人展示不同情境下理想行为的大量示例。日积月累，它从各种示例中学会了如何选择最合理的行为，通过学习各种行为模式教自己以同样的方式行动。此类过程的一个变种就是让软件从自己的错误中学习。犯错时，就"惩罚"它；做得好时，就"奖励"它。软件会进行自我调整，不断重复好行为并避免坏行为。如此一来，它就能逐渐向着理想的行为方式迈进。我们将在下一章中对此进行更深入的探讨。

无论人工智能是由人类规则工程师设计，是基于适者生存不断进化，还是从大量示例中进行行为学习，它总是会使用模块化设计，将拥有不同行为的不同组成部分连接起来执行任务，即分解再组合。这种方法允许对各种模型进行单独测试，并在之后的其他系统中重复使用，从而令生产出来的新机器人的性能更加稳定。这意味着，随着我们对每一特定能力的了解逐渐加深，各个组成部件的性能愈加完善，或有新的组成部件加入，我们便可以构建更加复杂的人工智能。

构建你自己的聊天机器人

⊙ 何为聊天机器人？

交谈是人类的天性之一，因此，将拜访心理治疗师作为了解如何将计算思维应用于人工智能的切入点会很不错。不过我们现在所说的这个"心理治疗师"很特殊，它是一个名为伊丽莎（Eliza）的计算机程序，这一程序由约瑟夫·维森鲍姆（Joseph Weizenbaum）于20世纪60年代中期在麻省理工学院编写而成。它是有史以来的第一个聊天机器人，因为维森鲍姆设计这一程序的目的是与人进行自然的交流。与伊丽莎聊天的人会以为他们在与真实的心理治疗师交流。维森鲍姆给他的聊天机器人取名"伊丽莎"，难免有点玩笑意味——这个名字取自伊丽莎·杜利特尔，剧作《卖花女》（*Pygmalion*）中伦敦东区的一个卖花女，她被教授如何讲一口上流社会的口音。伊丽莎是首批成功挑战图灵测试的程序之一（图灵测试是最知名、影响力最大的人工智能测试之一）。

⊙ 我是人吗？

图灵测试的前提是，就某一技能而言（这里指聊天），如果你不能将人工智能与人类区别开来，那么人工智能就通过了测试，并应视作与人类一样智能。这是由数学家、密码破译计算机科学家艾伦·图灵（Alan Turing）提出的，据说他的灵感来自维多利亚时代的一种室内游戏。

在这个游戏中，一个男人和一个女人离开房间，而其他人负责给他们提出问题。问题被写在卡片上并传给这对男女，他们写下答案并将卡片传回，这些答案会被读出来，以让大家知晓。这个游戏的目的是要仅根据答案来分辨这两个人（不能见面的）中哪个是女人，哪个是男人。游戏的曲折点在于，男人允许撒谎，但女人必须说实话。如果这个男人使大家确信他是女人，那么他就赢了，否则就是这个女人赢了。

图灵意识到，我们也可以把这个原理应用到机器上。接受提问者不再是一个男人和一个女人，他建议一台机器和一个人在一个房间，而其他人在另一个房间，通过提问题来实现将人与机器分辨开来的目的。正如室内游戏中的那个男人，机器也会尽其所能地欺骗你。图灵表示，如果经过一段长时间的对话，你还无法分辨人与机器，那么你就必须承认这台机器与人一样智能。

为了通过测试，维森鲍姆选择与伊丽莎这个"心理治疗师"进行假聊天，因为这会使得聊天内容含混不清，也可以随时变换主题，从而更容易蒙骗人。

⊙　聊天模型化

伊丽莎本质上是心理治疗师工作方式的简单计算模型，更宽泛地说，是人们聊天方式的简单计算模型。首先，伊丽莎必须用模式匹配来识别所输入文本中的特定单词或词组（线索）。然后，她利用这些提示，从预先设置的输出文本或行动规则列表中选择那些在当下语境中有意义的来使用。例如，如果你在输入文本中提到你的母亲，那么伊丽莎就会识别出这一单词，并输出"跟我讲讲你的童年吧"之类的语句。因此，聊天机器人设计者的工作就是先设计并创建一个条件规则库"如果x，那么y"，再在x槽和y槽中填入与情境相关的恰当的自然文本。这些规则背后的原理本质上与我们推导逻辑谜题的原理一致，只不过这里的问题是如何创建真实可信的对话。做得好的话，你会产生一种被理解的幻觉。伊丽莎的成功表明做到这一点出奇容易，对于简短对话尤为容易，仅需要简单的代码即可。今天的许多聊天机器人仍在使用伊丽莎的主要计算步骤。

但是，机器通过图灵测试即得出它与人类一样智能这一结论还存有争议。让我们回到那个室内游戏：即便那个男人成功地令其他人相信他是那个女人，这并不意味着他真的就是一个女人，仅能证明他擅于伪装。同样地，如果一台机器通过了图灵测试，也许仅能证明它擅于伪装出智能。然而，通过创造出更加有说服力的此类模型，我们可以测试并完善我们对人类交流内容和方式的理解，并进一步了解我们所说的智能的含义。

⊙　打造聊天机器人的大脑

创造自己的聊天机器人，甚至不需要用计算机，只需要一些空白卡片、一支钢笔和一点想法。首先，你要确定聊天机器人的设计目的——可以是任何目的，但最好是你比较了解的内容，这样更容易操作，比如你最喜欢的运动或电视节目，因为你知道这类话题的正常（合理）对话是怎样的。你可以事先花点时间听一些真实谈话以及人们聊到的东西。其次，你需要算法思维。你需要给出一系列提示词，以便聊天机器人可以在对话中识别并对其做出回复，还需要给你的聊天加入算法。例如，假设你的聊天机器人是个足球狂，且聊天中另一个人提到了"任意球"（线索），你的聊天机器人可以回复"哇！贝克汉姆是个任意球天才。你试过学他吗？"像伊丽莎一样问问题是个好方法，因为这可以让与之对话的人动脑筋回话。你还需要给出许多提示和回复，以便令谈话更加自然。你最好选择范围比较窄的话题，至少刚开始时要这样，因为这样操作起来更容易，比如选择某支球队而非关于足球的宽泛话题。你还需要给出一些中性内容，以防机器人无法进行匹配。记住，算法思维要求你对所有可能出现的结果给出指示！总是重复某些回答会显得很奇怪，因此，你需要大量的中性内容来供机器人选择。

在第一组卡片上,写下你的聊天机器人会在对话中寻找的提示词——这是它的输入文本——并给每个提示词卡编号。接下来,按照字母表顺序将这些提示词卡用夹子夹在一起。图40给出了几张与足球有关的卡片示例,当然,你需要的提示词肯定比图40给出的要多。

在第二组卡片上,写下要生成的句子——输出文本。将其与触发句子的提示词一一对应,并将这些句子进行编码。将这些输出文本卡片也用夹子夹在一起,不过要按数字顺序排列。图41给出了上述提示词可以触发的回复卡示例。

图40 足球聊天机器人的提示词卡示例

图41 足球聊天机器人的回复卡示例

将这两组卡片按照这种方式排列,你的聊天机器人会更容易运作。得到输入文本之后,你可以按照字母表顺序扫描单词,然后立即根据参考编号找到正确的回复卡。如此一来，你就创造了一种使用聊天机器人规则"聊天"的简单方式啦！

你需要评估你为机器人制定的规则。因此，准备完成后，把你的卡片组交给你的一位朋友，请他充当计算机帮你运行这个聊天机器人程序。接下来，开始聊天，请他们遵守卡片给出的指示进行对话。通过正常的聊天可以知道你的聊天机器人是否有说服力，是否能成功骗到你。之后，你可以让另一个朋友也参与聊天，看看他们的感受如何。你还可以让其他人通过短信参与聊天，但千万不要让他们知道聊天对象是一个聊天机器人哦。

完成试验后，问问你的朋友觉得聊天机器人怎么样，请他们按照0～5分的范围给你的聊天机器人打分。它有什么优缺点？还需要做出什么改进？它是如何暴露真身的？然后对回复卡的内容做出调整和修改，或者增加一些新的回复卡。回答这类问题是对你的聊天机器人进行用户评估的又一示例。据我们所知，计算机科学家总是在衡量其软件能在多大程度上成功实现其设计初衷。评估是计算思维的重要组成部分。根据用户评估得到的意见，进一步完善聊天机器人的设计和输出文本。如果重新测试一次，评分是否有所提高？如果没有提高，原因又在哪里？一旦你已经知晓哪些类型的聊天文本对话是有效的，那么你就可以着手编程了，试试编写一个真正的聊天机器人的程序吧。

近年来，聊天机器人设计师已经不再在"心理学家"这个设定上做文章了，而是试着让聊天机器人假装成非英语国家的年轻人来搪塞聊天时出现的前后矛盾，或者从大量真实聊天中提取模式。构建聊天机器人的通常不是计算机科学家，而是那些擅于创造性地编写真实可信角色的人。他们只需使用聊天机器人生成软件，即那些已经归纳好的、只需添加特定聊天领域的聊天机器人程序。如果你擅于创造真实可信的角色，有一个职业便向你敞开大门，那就是为虚拟世界填充真实可信的人工智能角色。

⊙ 要提防自动程序吗？

开始的时候，聊天机器人只是个计算和心理学试验。现如今，聊天机器人已经扩展为拥有许多实际用途的应用程序，比如虚拟世界里的人物、想成为你伙伴的玩具、呼叫中心工作人员的替代者，甚至是像超级英雄钢铁侠的人工智能管家贾维斯那样的私人助理。

这些都是好的一面，其实聊天机器人也有其黑暗的一面——它们假装成人类来骗人的案例很多。社交媒体的出现意味着全世界都充斥着聊天机器人。研究人员通过试验发现，他们部署的聊天机器人不仅没被社交媒体网站检测出来，而且还吸引了成千上万的粉丝。更有甚者，政治激进分子还试图利用聊天机器人来影响舆论，导致虽然表面看来草根舆论占据上风，但这种膨胀实际上却是由一群预设意见程序生成的。人工智能和机器人的合法使用存在诸多法律和道德问题，这只是其中一个例子，还有许多领域需要探索，其中在线使用尤为重要。我们往往认为活跃于网上的是跟我们一样的真实人类，但2014年的一项调查显示，60%以上的互联网流量是由自动程序生成的。

我不由得想："伊丽莎"对此会有何看法？

聊天机器人有理解能力吗？

⊙ 进入中文房间

聊天机器人这种"如果–那么"式的生成规则系统可以用来做复杂的事情，比如模仿我们大脑在特定场景下的运作方式。当然，真正的挑战在于如何构建能像人类一样处理各种事情的人工智能或机器人，而不仅仅是处理那些轻而易举的小事。我们按照自己做事的速度和准确性来观察、聆听和感知这个世界；我们通过书面语和口头语相互交流；我们可能会坠入爱河，可以创作出一流的流行歌曲，或在大多数信息未知或含糊不清的时候迅速做出明智决定——正是这些能力令我们人类在这个复杂的世界得以生存。我们人类还有一项能够理解我们自己在做什么的能力，而这一点，恰恰是人工智能所不具备的。人工智能可以遵守规则，但不能理解规则。

哲学家约翰·希尔勒（John Searle）在其称为中文房间（又被称为华语房间或中文屋）的思想实验中发现了这一问题。在这个实验中，完全不懂中文的受试者被关进一个封闭房间，房间里有几本书能教其中文翻译的规则。在房间之外，懂中文的人不断从门缝里递进用中文写成的信息。房间内，受试者查询与被递送进来的信息相关的规则，按照这些规则给出答复（输出）并递送出房间。受试者就好像遵从指示行事的聊天机器人，对被递送进来的信息按照规则做出回复。而对于房间外的人来说，若他们递送进房间的用中文书写的问题得到了明智的中文回复，他们就会认为这个房间或房间的物品肯定是懂中文的，难道不是吗？但是，我们知道真实情况是房间内的人只是在遵守一套复杂的规则生成输出而已，他们根本不明白那些问题，也不明白自己给出的答复。这个房间及其内含物到底是否真的"懂"中文？还是说它只是在模拟"懂"中文的这种能力？希尔勒称前一种（即真正"懂"中文）是强人工智能，后一种为弱人工智能。大多数人可能会觉得这个房间什么都不懂，而懂得一切的是制定规则的人。许多计算机科学家和哲学家对这一思想实验争论不休，也对提出的关于理解能力的重要问题争论不休。接下来，让我们探索一下自己的版本吧。

⊙　克林贡语房间

这个世界上懂中文的人不在少数，所以他们无法参加这种中文思想实验。中文是一种非常复杂的语言，使用中文的人数达十几亿；经过数个世纪的发展，中文已经具有自己独特的惯用语和例外情况。作为一种仍在使用的自然语言，中文的范围和复杂性难以言表。所以，创造出一个可行的中文房间规则实际上非常困难，这就削弱了这个实验的根基。所以，我们要想出一种更简单的、构建出来的可能性更大的东西。

任何语言都可以用来做思想实验，只要有人懂这种语言即可。让我们换一种语言——克林贡语。

克林贡语是一种新进语言，是由马克·欧克朗（Marc Okrand）为科幻小说《星际迷航》所描述的世界发明的。这一语言拥有自己的词汇、语法和字母表，这些特点使其能够替代中文进行思想实验，很有用而且更为简单。它拥有人造句法——刚开始时被我们完全忽略的造句的语法规则。我们完全了解这门语言是如何构建的，包括其规则、句法、语义（单词和句子的含义），以及其动词和名词的作用方式。有些人甚至能熟练地讲这一外星语。因此，编写克林贡语翻译指南似乎很可行。由于我们完全了解这门语言所能传递的内容——无非就是关于战斗、荣誉和飞船，因此用这门语言做思想实验就尤为实际。例如，克林贡语中的"桥"指代星舰的舰桥，这一概念在语言出现的早期就得以牢固确立，而"桥"是一条跨越水面的通路这一概念是在很多年以后才得以同化吸收到我们平常的语言中的。这是一个极端的人工示例，展示了语义学（语言的含义）如何演化以及我们如何对单词的含义达成共识。在真实的人类语言中，这通常要经历数个世纪的演变，而确切的过程往往难以追溯。

显而易见，我们可以创造一个克林贡语房间。那么，将一个对克林贡语一无所知的人关在一个房间，按照"中文房间"思想实验采用的方式进行问答，倘若实验成功，能说明这个房间或其内含物懂克林贡语吗？

⊙ 曲折点

让我们增加一个曲折点，创造我们自己的思想实验：设置一个中文房间，房间外配备中文提问人；再设置一个克林贡语房间，房间外配备最优秀的克林贡语提问人。中文房间外的提问人会觉得他们的房间对中文的了解更少吗？（因为中文翻译书太难编写，所以我自始至终就没有完全搞明白：真正的活语言中所有复杂的细微差别都能够被捕捉到吗？）由于克林贡语的语言世界观充斥着荣誉和战斗的概念，这类更为简单的概念是否会让克林贡语提问人觉得他们的房间给出的回复质量更高？如果确实如此，那么或许可以得出这样一个论点——翻译指南仅需载有含义（语义学）以及单词和语法（句法）即可。这就表明，如果我们能创造出足够确切的规则来覆盖真实世界，那么这些房间就能具备真正的理解能力，对吗？

你怎么看？

第七章

构建大脑

我们并非直接创造意识，而是由下而上利用计算思维构建一个简单的大脑。这将有助于我们探索由大量相互连接的神经细胞构成的人脑实际上是如何进行工作并产生复杂的人类行为的。随后，我们将探索如何才能创造人工智能，让它拥有像人脑一样工作的"大脑"，使其能做出与人类无异的行为。或许，如果我们能够准确构建一个大脑，意识也会随之产生。

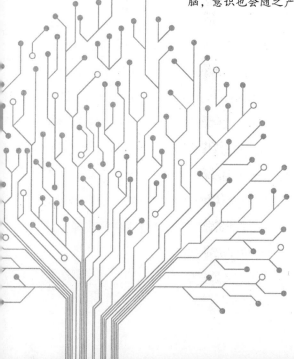

构建一个学习型大脑

⊙ 人工智能学习打牌

我们已经知道，计算机会盲目听从写给它们的指示，即算法。算法赋予它们一定的能力，但却不能说它们拥有了智能。我们人类拥有智能，不仅因为我们有能力解决特定问题，还因为我们有灵活处事和做事的能力。我们人类会学习，而计算机不会。学习是拥有智能的关键，如果人工智能只是被动听从指示，它们怎么才能学习呢？我们需要创建一个学习算法！

让我们从给一个人工智能布置一个简单的学习任务（即检查硬币的正确数量）开始。更确切地说，我们究竟希望这个人工智能学习做什么呢？答案是，我们希望当且仅当眼前确实有两枚硬币时，它能够告诉我们有两枚硬币。当眼前没有两枚硬币或者只有一枚硬币时，它就什么都不用做。我们假设其拥有一种感知硬币存在的内在机制，但它必须学习如何数硬币。

为解释这种学习方式，我们要使用"学习机器"的一种简单桌游版本。它使用了图42所示的图版和一副纸牌（牌面是什么不重要）。玩过几轮游戏后，机器便学会检查硬币的正确数量。游戏过程：玩家投币（或不投币），引起纸牌绕着桌面转动、发牌、比较牌的数量。最后，机器会输出答案。

机器有两个投币口，两个玩家分别往里面投币，以计算硬币数量。每个玩家持有的牌放在他们各自的位置上。图版上还有一个放玩家牌的牌桌区域，以及一个放庄家牌的区域。每轮游戏的结果牌会被放在最终输出区域。结果牌有两张，一张标识为0，另一张标识为1。

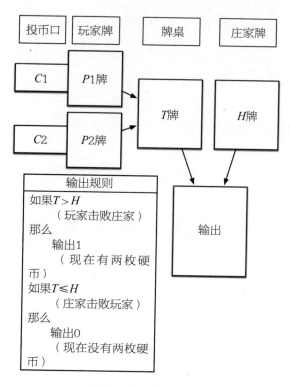

图42　学习型大脑图版

纸牌游戏按照从左向右的顺序，操作如下。我们先给两个玩家以及庄家发随机数量的牌，分别命名为$P1$牌、$P2$牌和H牌，然后继续玩几轮：如要加入某一轮游戏，玩家必须向投币口投一枚硬币，并相应地将他们持有的手牌$P1$或$P2$放在牌桌区域（加起来就是T牌）。两位玩家要一起对抗庄家，如果玩家牌的总数T大于庄家所持手牌H（$T>H$），那么玩家赢。在这种情况下，输出1，其最终含义是"现在有两枚硬币"。如果庄家赢，则输出0，含义是"现在没有两枚硬币"。在任一情况下，玩家的手牌都会回到下一轮的起始位置。

由于发牌数量随机，而数量决定桌游大脑最终输出0还是1，因此桌游大脑的行为也是随机的。通过不断重复这一游戏，我们希望大脑能够从中学习，将纸牌的初始随机数量改成总是能按照我们希望的方式获胜的数量。也就是说，最终它能在只有两枚硬币的时候才输出1。图43总结了我们想要的结果。

$C1$	$C2$	输出
0	0	0
0	1	0
1	0	0
1	1	1

图43　我们希望桌游大脑能够学会的输出方式

通过玩几轮游戏，机器能学会这一点。每轮游戏后，我们会运用如下简单的生成规则，其中$C1$代表玩家1的投币数量（1枚或0枚），$C2$代表玩家2的投币数量（1枚或0枚）。

规则R1：

如果游戏给出正确输出，

那么什么都不做，即不要改变纸牌数量。

规则R2：

如果游戏输出为1，但我们想要的输出为0，

那么拿走玩家1的$C1$张牌和玩家2的$C2$张牌。

规则R3：

如果游戏输出为0，但我们想要的输出为1，

那么给玩家1增发$C1$张牌，给玩家2增发$C2$张牌。

这些规则是我们大脑的学习算法。接下来就要进行评估了，让我们看几个示例。

游戏示例1：发牌好，一切都好！

假设在牌桌上发给玩家1三张牌，发给玩家2四张牌，发给庄家五张牌（$P1=3$，$P2=4$，$H=5$）。投币口1有1枚硬币（$C1=1$），但投币口2没有硬币（$C2=0$）。我们写成（$C1$，$C2$）=（1，0）。

由于投币口$C1$有1枚硬币（$C1=1$），因此三张$P1$牌移动到牌桌区域，

但由于$C2$为0，因此$P2$牌不动，于是牌桌区域有三张牌，如图44所示。我们将牌桌区域的纸牌数量归纳为T，并总可以用以下等式计算：

$$T = C1 \times P1 + C2 \times P2$$

将本示例代入公式，得到$1 \times 3 + 0 \times 4 = 3 + 0 = 3$。请注意，乘法表示$C1$和$C2$的值决定是否将相应的$P$值计入总和$T$。0就意味着$P$值不包括在总和中，而1表示$P$值包括在总和中。

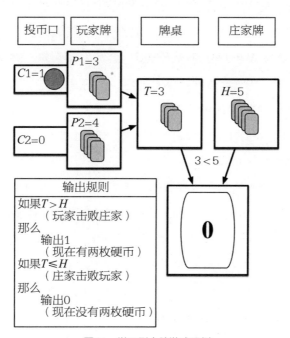

图44 学习型大脑游戏示例

由于只有投币口$C1$有一枚硬币，因此只有玩家1的牌移至牌桌区域。

由于牌桌区域的纸牌数量T小于庄家牌数量H，因此，输出0。

我们得到总和T为3，小于数值为5的H（3＜5），因此，桌游大脑输出的结果为0，表示"现在没有两枚硬币"。这就是当只有一枚硬币的时候我们想要的输出结果，因此根据规则R1，我们什么都不做。

接下来，尝试另一种选择，将所有纸牌放回初始位置。但这次，我们在两个投币口都投入一枚硬币，即（$C1$，$C2$）=（1，1）。现在，由于两个投币口都有硬币，因此两名玩家的牌都移动至牌桌区域，于是牌桌区域有七张牌：$1×3 + 1×4 = 7$。由于$7 > 5$，因此，大脑输出我们想要的1，表示"现在有两枚硬币"。根据规则R1，我们仍旧什么都不做。

实际上，如果我们根据这样的初始发牌数量尝试投币的四种不同组合，每一种的输出结果都是正确的。好啦！不用学习了！但我们只是走运罢了。我们最初发牌数量分别为三张、四张和五张，发牌数量刚刚好可以让机器良好运作。按这个发牌数量，机器总可以正确地告诉我们现在是否有两枚硬币。但如果我们没有这么走运，会发生什么呢？这时我们的游戏就需要改变方法，并学会做出相应的行为。我们再来试一下。

游戏示例2：需要多玩的游戏。

首先，我们仍旧先随机发牌。这一次，玩家1有六张牌，玩家2有四张牌，庄家有四张牌。

投币口没有硬币的情形很简单，$C1$和$C2$都是0。没有牌移动，玩家牌小于庄家牌，$0 < 4$，因此输出为0，表示"现在没有两枚硬币"。根据条件（$C1$，$C2$）=（0，0），所以结果是正确的。如图45所示。

如果投币口$C1$没有硬币，投币口$C2$有一枚硬币，即（$C1$，$C2$）=（0，1），那么玩家2的四张牌移至牌桌区域（$C2×P2 = 4$），玩家1保持不动。但这不足以获胜，因为庄家也有四张牌，所以输出为0，表示"现在没有两枚硬币"。请记住，牌桌区域的牌的总数需大于（且不等于）H，这样输出才能是1。现在输出为0，所以根据规则R1，仍旧什么都不做。根据条件（$C1$，$C2$）=（0，1），所以结果也是正确的。

现在，往投币口$C1$投入一枚硬币，投币口$C2$不投硬币。我们仍希望输出为0，但还是得看牌的数量！在牌桌区域，现在是6（$C1×P1 = 6$）张牌，$6 > 4$，因此输出为1，但这是错的！我们必须运用规则R2。规则R2为：

"如果游戏输出为1，但我们想要的输出为0，

那么拿走玩家1的$C1$张牌和玩家2的$C2$张牌。"

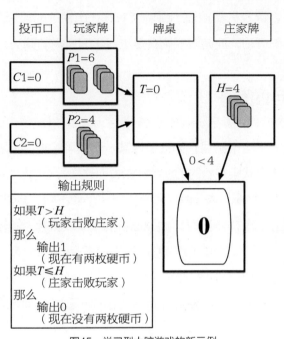

图45 学习型大脑游戏的新示例

这一轮没有人投币，所以没有牌移至牌桌区域。由于牌桌

区域的纸牌数量T小于庄家牌数量H，因此输出0。

$C1=1$，$C2=0$，这意味着，我们拿走玩家1的一张牌，但不拿走玩家2的牌。$P1$的新数值为5（$6-1=5$），而$P2$仍为4。

我们拿走玩家1的一张牌，减少了其手牌数量，而不拿走玩家2的牌——这时候机器已经开始学习。

接下来，我们用调整的新条件（$P1=5$，$P2=4$）进行尝试，回到条件（$C1$，$C2$）=（1，0），但这一结果仍不符合我们的要求。于是我们再次运用规则R2，机器进一步学习：这一次，再次拿走玩家1的一张牌，$P1$变成4。

现在，$P1=4$，$P2=4$，$H=4$。当（$C1$，$C2$）=（1，0）时，结果为0，表示"现在没有两枚硬币"，这正是我们想要的结果。你还会发现，当（$C1$，$C2$）=（1，1）时，结果也是对的。此时T值为$P1+P2=4+4=8$，而庄家值为4，8>4。

綜上所述，游戏机器通过不断玩游戏并在出错的时候调整纸牌数量，学会了如何正确行动，而游戏规则就是进行学习所需的算法。

⊙ 不要担心负值

请自行试一下这个游戏，你会发现某一时点可能需要运用规则R1到规则R3，这取决于游戏刚开始时的发牌数量，而这样做有助于桌游大脑学会正确行动。你的手牌数量以及选择的投币顺序（条件不同）会影响学习进程，但你最终会得出正确的结果。如果游戏规则要求拿走的牌多于你手上的牌，那么你就使用古老的欠条方式，在纸上写下-1张牌或-2张牌（欠1张牌或欠2张牌）继续玩，在每种条件下检查你是否得到正确答案。最终，玩家1和玩家2可能还有牌，也可能会欠牌，但桌游大脑的学习并不会受到影响。

⊙ 何为聪明的游戏？

在这一游戏中，你一直在做的实际上是为大脑创造一个学习模型，从而计算"与"逻辑函数。它学会告诉你投币口C1"与"投币口C2都有一枚硬币。但我们没有对"与"进行逻辑编程，模型自己学会了计算这一函数——桌游大脑基于神经网络理论进行学习。

神经网络能够模仿（即复制）一种非常基础的大脑计算方式——抽象。可以将人脑中被称作神经元的数十亿个神经细胞视为简单的处理装置，它们通过一种被称为轴索的特别神经元相互连接，并从神经回路的其他部分收集信号。如果进入某一神经元突触的信号足够高（高于该神经元的权重阈值），那么它就会向与之相连的其他神经元发射信号。

我们的桌游就好似一个神经元的模型，投入硬币相当于对该神经元输入信号。我们希望，当存在两个信号（比如两个投币口有两枚硬币）时会触发回路（输出1）。手中的牌则代表神经权重，权重不断变化，从而帮助神经元学习；而庄家牌的数量就像是神经元的阈值。最开始，神经元不知道如何将收集的信号合到一起。于是，它们开始随机触发，就像我们随机发牌一样。毕竟，作为大脑组成部分的单个神经元怎么可能知道大脑作为一个整体想要做什么呢？神经元需要学习，其学习方式与桌游的学习方式一样。它们会收到表明它们的输出正误的信号（这就是我们把它叫作监督式学习的原因），并相应地改变它们的内部权重，利用与我们所使用的生成规则R1、R2和R3类似的学习规则来加强某些联系和弱化某些联系。这些互连权重可以是正向的（如同手里有牌），也可以是负向的（如同欠条），负向的代表负权重。

这个游戏创建了一个神经元工作方式的计算模型。我们已经给出了一个神经元的算法版本，该算法版本在进行模仿时似乎确实在做正确的事情：它会学习。我们借助的是一个实体游戏，但其实完全可以在软件中进行，那样就可以同时利用成千上万甚至数百万个神经元来创建模型。这样一来，我们就可以探知我们对神经元行为方式的理解是否正确。想想看：这样的模型是否已经开始表现得像个简单的大脑？

⊙ 布尔表达式

到目前为止，我们在生物学意义上完成了部分学习，那么上文提到的"与"逻辑函数是什么呢？"与"是一种布尔操作符。你可以将布尔操作符看作是可以与布尔值打交道的表格（图43），而布尔值则是真（1）与假（0）。以上这些构成了逻辑的基础。

布尔逻辑由19世纪的数学家乔治·布尔（George Boole）发明，布尔是个很神奇的人，他凭借自己的数学能力，19岁就在林肯创办了自己的学校。他事业有成，但却突然早逝，时年49岁。当时的事情是这样的：他冒着大雨走了2英里（1英里≈1 609米——译者），在浑身湿透的情况下仍坚持给学生上课。结果不久后，他就高烧不起。他的妻子玛丽当时刚开始相信顺势疗法，错误地认为治疗丈夫的最好方式是"重复病因，以毒攻毒"。于是，她把好几桶水倒在卧床不起的丈夫身上。不用说，布尔病情加重，最终于1864年12月8日去世。

布尔的工作为数字电子电路奠定了思想基础，且影响至今。我们今天使用的数字电子电路采用数字逻辑门的形式。数百万个逻辑门被蚀刻在单个微处理器的硅片上，使之能够快速进行复杂的求和计算。实际上蚀刻在硅片上的是晶体管，但是我们很难仅凭晶体管来弄明白事物的设计原理。于是，晶体管被归类为逻辑门。设计师设计了"与"门（触发条件是存在两个输入）、"或"门（触发条件是至少存在一个输入）之后，考虑对象就是这些逻辑门，而非组成门的晶体管了。晶体管的细节可以被忽略，这就是数字电子学设计领域的第一层抽象。

逻辑门又被归类为组件，这些组件可以执行更加复杂的操作，如加法、乘法或移动数据，而这些函数提供了更高层级的抽象。之后，设计师便无须考虑逻辑门，只需思考这些更加复杂的函数。事实上，电路设计师要利用大量的抽象，随着他们设计的芯片越来越复杂，要利用的抽象层级就越来越高。换个角度看，这就是分解的又一个示例。想要建立一个计算装置，我们需要使用加法器、乘法器等。但加法器又要怎么构建呢？用逻辑门。那么，逻辑门又怎么构建呢？用晶体管。现代微处理器芯片比地球上的道路网络还要复杂。只有大规模地使用计算思维才能将它们设计出来。

逻辑门不一定非得用晶体管来设计。正如我们所见，也可以用简单的神经回路来设计。你可以用等效的基于神经的逻辑门来替代基于晶体管的逻辑门，效果没有区别。全世界的计算机科学和电子实验室的研究人员正在研究如何利用生物大脑的启发式计算能力，包括研究大脑回路中脉冲如何随时间变化，以及如何将它们构建在能够快速学习的硅或锗微芯片中。在这两方面，算法思维都能奏效，它不仅给我们提供了开展科学研究的新方式，还创造了世界运行方式的算法版本，可以为我们提供计算机工作的全新方法。

简单的"数硬币回路"从开始学习，到逐渐学会正确工作，是一个非常简单的过程，但当它与数百万个其他同类的学习回路结合到一起时，就可能创造一支庞大的计算队伍。当然，真正的秘诀在于如何为它们编程、如何开发软件，以及如何让它们共同致力于同一目标。

捉对儿神经网络

⊙ 捉对儿！不像看起来那么简单

之前提到的数硬币游戏其实算不上是个游戏。让我们来学习一个真游戏——捉对儿，怎么样？如果两张牌匹配，就喊"捉对儿"！如果两张牌不匹配，就保持安静。简单起见，假设我们只有红牌和黑牌，能够创建一个神经网络来玩这个游戏吗？

我们先准确描述一下，如需检测颜色匹配，这个神经网络需要做什么。让我们用1代表红色，0代表黑色。红-红（1，1）或黑-黑（0，0）就是"捉对儿"，红-黑（1，0）或黑-红（0，1）就不是"捉对儿"。这跟我们的"与"硬币检查器的逻辑很像，但学习方式却比它更复杂。

颜色"捉对儿"是一种"异或"逻辑函数。它有点像"或"函数，但"异或"逻辑函数只有在输入为（1，0）和（0，1）时才会触发，其他输入则不会触发。"异"部分指的是当且仅当只有一个输入为真（即为1）时它才会触发，当两个输入均为真时，它就不会触发，如表3所示。

早在神经网络发展早期，这种逻辑就是个大难题。神经回路当时被称为感知器，非常擅于"与""或"以及其他类似的布尔逻辑函数，但它们无法处理麻烦的"异"部分，原因在于它们的几何结构非常特殊。当时发现，感知器奏效的原因在于它创造了一个决策边界，即图形上的一条线。一旦有了足够的输入，感知器就会突破决策边界。这取决于回路中的权重和阈值（也就是我们前面的$P1$、$P2$和H值）。因此，只要提供不同输出的东西位于同一决策边界的两侧，就一切正常，感知器就会奏效。

表3 "捉对儿"神经网络所需的输出

输入颜色	输入坐标	输出	大喊"捉对儿"还是保持安静?
（黑，黑）	（0，0）	0	"捉对儿"
（黑，红）	（0，1）	1	保持安静
（红，黑）	（1，0）	1	保持安静
（红，红）	（1，1）	0	"捉对儿"

但对于"异或"函数，我们想要的决策边界却没法奏效。如果我们使用给定坐标画图（红色用1表示，黑色用0表示），那么不可能只用一条直线就能将输出为0的答案与输出为1的答案分开。你无法创建一个可以让你突破这条线的系统，从一种状态翻转到另一状态，如图46所示。

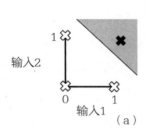

输入1	输入2	输出
0	0	0
0	1	0
1	0	0
1	1	1

（a）"与"逻辑

输入1	输入2	输出
0	0	0
0	1	1
1	0	1
1	1	1

（b）"或"逻辑

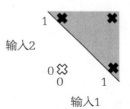

输入1	输入2	输出
0	0	0
0	1	1
1	0	1
1	1	0

（c）"异或"逻辑

图46 "与"逻辑、"或"逻辑和"异或"逻辑

对于一对输入，输出为0用白色叉号标记，输出为1则用黑色叉号标记。

"与"和"或"的决策边界为直线，可画一条线将白色叉号与黑色叉号分开。

对于"异或"，则无法画这样一条直线，需要用两条线来将白色叉号与黑色叉号分开。

于是我们有了一个想法：如果一个感知器只能画一条线，那么就用更多的感知器。如果我们将一个感知器注入另一个感知器，就构成所谓的"多层感知器"，每层都可以界定一条决策边界，这样我们就有了两条线。

⊙ 我们能构建神经回路吗？

我们能构建神经回路吗？是的，我们可以使用多种方法来构建支持"异或"逻辑的神经回路，来玩"捉对儿"游戏。图47就给出了其中一种方法。请注意，我们这里用的是一种图形表示法来描述脑回路——毕竟脑回路就是关于不同位置以及位置间的相互连接（神经元与其连接方式）。现在，我们还要从神经元工作方式的内部细节中抽象出来，专注于其学到的行为。

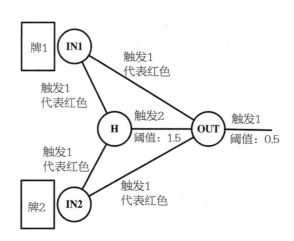

图47 玩"捉对儿"游戏的神经网络

圆圈代表神经元。每个节点都有一个阈值，用来与

传入的信号比较大小，从而决定神经元是否被触发。线上的

数字表示神经元触发时的信号强度。不被触发的神经元的输出均为0。

　　现在，我们的神经网络由连接在一起的四个神经元组成。我们有两个输入神经元，即IN1和IN2，用来检测纸牌的颜色。如果纸牌为红色，则输出1；为黑色，则输出0。输出结果会进入第二层的神经元H。该神经元的触发阈值为1.5（即只有当输入总和超过1.5时才会触发），但触发时，其输出为负值（-2）。所有这些信号进入第三个神经元OUT，该神经元的阈值为0.5。

　　我们需要测试一下。让我们运行一下所有组合方式。

　　1. 输入（黑，黑）牌，输出0。

　　如果输入（0，0），即（黑，黑），第二层的神经元H则会输出0（图48）。

　　在神经元H中，由于0小于阈值1.5，因此节点H输出0。H输出和抵达神经元OUT的信号加起来（0 + 0 + 0）等于0。这小于神经元OUT的阈值0.5，所以OUT不触发，感知器整体输出0。

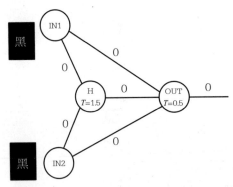

图48　输入为（黑，黑）时的"捉对儿"神经网络

　　2. 输入（红，红）牌，输出0。

　　如果输入（1，1），即（红，红），那么H收到的信号加起来（1+1）等于2。因为2大于H的阈值1.5，所以H触发，输出-2。在神经元OUT中，信号直接来自输入层，分别为1和1，加上H输出的加权信号-2，

信号总和［1 + 1 + （-2）］等于0。0小于OUT的阈值0.5，所以输出0，如图49所示。

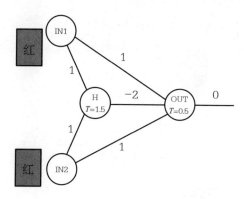

图49 输入为（红，红）时的"捉对儿"神经网络

3. 输入（黑，红）牌，输出1。

如果输入（0，1），即（黑，红），那么H收到的信号加起来等于1，小于H的阈值，所以H不触发。神经元OUT从IN1收到信号0，因为IN1输入了黑牌，从IN2收到信号1，因为IN2输入了红牌。它们加上H的信号0，即0 + 1 + 0，得到总和1。1大于OUT的阈值0.5，所以OUT触发，输出1，如图50所示。

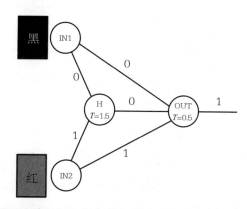

图50 输入（黑，红）时的"捉对儿"神经网络

4. 输入（红，黑）牌，输出1。

这次，由你自己来运行最后一个组合，输入（1，0），即（红，黑），你将发现OUT输出1，如图51所示。

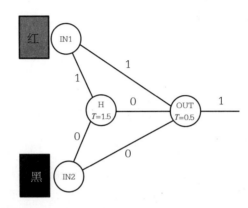

图51　输入（红，黑）时的"捉对儿"神经网络

综上所述，这种输入输出模式能够与"异或"表完全匹配，也就是说，我们已经具备了玩游戏时不出错的必要条件：成功构建出一个大脑部件，能够玩颜色"捉对儿"这个游戏。

⊙　请来点"感质"，还有一杯蓝色咖啡

在上一章里，我们谈论了聊天机器人是否有理解能力。现在，既然可以利用人工神经元来构建大脑，就让我们对神经元进行思考，从不同的角度研究一下理解能力。人类有理解能力，拥有意识，并能够体验"感质"。"感质"这个术语与我们的内在体验和知觉相关。例如，咖啡的味道或晴朗天空的蓝色，我们都知道，但你要怎么向其他人描述呢？咖啡或蓝色有什么状态或性质呢？如果我们接受大脑会引发意识这一观点（有些研究人员不接受这一观点），那么大脑中各种神经元和结构的行为方式

会引发这些行为或活动：简单的行动、事物的意义、我们的"感质"乃至"爱"等情绪。如果我们能够准确复制这些对于创造内在体验至关重要的大脑组成部分，那么或许我们的人工大脑也会产生这些体验，包括"感质"。这一切的关键在于正确的抽象，复制那些对生成这些体验至关重要的大脑组成部分，同时忽略那些不重要的部分。然而，找到并分离出这些部分对于神经科学家和计算机科学家来说是巨大的挑战。

但我们渐渐发现，我们大脑中的活跃工作不仅仅是由神经元完成的。大脑中似乎还有其他细胞也在处理信息，且其他化学传递介质也会刺激我们的大脑，进而影响其运作。不同类型的信息在大脑的不同位置得以处理，而这些信息却以某种方式组合到一起，让我们拥有对自己和这个世界的理解方式。但如果我们只关注单一神经元，比如杏仁核这个负责生成情绪的大脑组成部分，其触发只取决于收到多少电化学信号。它不理解在更大层面上，它会帮助个体产生恐惧感。它只是一个开关，所做的只是开合而已。

虽然有了深度学习这种新技术，计算机的能力得以大大提升，并产生了大量的新型数学算法，使得我们可以对各种层次的神经元进行编程，以便学习如何完成各种任务，如发现药物，书面描述标记图片，预测天气、股票市场，但我们至今仍旧不明白大脑如何生成人的诸多特性。也有一些研究人员致力于研究大脑的行为模式如何随时间而变化。他们建立了机敏的电子回路，并称其为脉冲神经元。这种神经元能够发出电子脉冲序列，就像大脑神经元一样，触发—放松—再触发。他们希望能通过了解这些系统的间歇性和时间依赖特性为我们对大脑的研究带来新的理解，从而建立新型应用。显然，能够对大脑理解能力进行正确抽象这一点非常关键，尽管我们在这一领域已取得重大进展，但其中浩瀚的"未知"部分仍在激励人们不断探索。

在真实大脑和行为研究以及将其与计算机智能进行对比研究的领域，仍有许多深刻的哲学问题有待解答。等到人工智能化的计算机问世后，我们便可以利用这种机器来探索如何解答这些深刻的问题。这些问题的核心在于人之所以为人的意义。在探索这些问题的过程中，我们还能创造出有用的工具和应用来使我们的生活更加便利。对于这些问题，你会得出自己的观点和想法，而且还是正确的观点和想法。毕竟，你也是人。

第八章

编写自动欺诈程序

了解了聊天机器人和构建大脑的基础知识，以及某些聊天机器人的黑暗面后，现在让我们将二者结合起来吧。接下来，让我们一起探索如何构建一个能骗到人类的简单自动程序大脑。成功之后，我们将明白为什么计算思维的使用者，无论是人还是机器，都需要伦理思维。第一个提出机器人概念的人觉得它们将会统治世界。因此，我们还要探索如何才能让机器人永远无法统治世界。

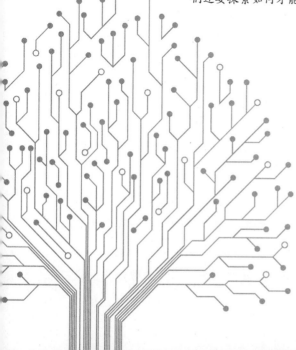

算命AI

⊙ 神秘机器

在前几章，我们简要地探索了人类意识的神秘之处。现在，让我们开始构建一个神秘又顽皮的人工智能（AI），以便我们探索机器人和AI领域的其他思想。

出于教育目的，我们要构建的是一个算命骗子AI，再研究其背后的计算思维。这个骗人程序需要将许多糊弄人的组件混装在一起。如何混装呢？我们需要一个底层骗局，即一种拉人入局的方法，一种让客人甘愿掏钱的手段，以及一种检查两张牌的颜色是否相同的方法。好，让我们一个个来。

⊙ 好运眷顾那些勇敢的人

想象在一个充满异国情调的昏暗房间，透过这晦暗不清的光线，可以瞥见早已尘封的奇怪符号和罕见手稿。桌子上放着水晶球，旁边散落着来自久远的神秘时代的碎片。不知不觉中，一名AI算命师走进房间，招呼你坐下。对话就此开始：

"欢迎光临。水晶球告诉我，今天你的心灵想要倾听。我感受到了命运的力量。你的气息透露出你是个积极开朗的人，但在过去一段时间里，你却心烦意乱，可能是对自己太严苛了。你知道自己可能具备某些隐藏的能力，但却一直无法按照你想要的方式发挥这些能力来帮助自己和他人。你知道，取得成功需要与别人和谐相处，但同时又要忠于自己。

"我可以帮你。只需两枚硬币，我就可以为你在这副牌中找出属于你的那一张。你要随身携带这张牌，因为它象征着你的未来之路，指引着你的前进方向——这条路会为你带来和谐与好运。

"我感受到了你的疑虑，那么，就让我来证明这副牌和你的命运是否确有关联，通灵连接是否存在。我们进行测试，由你自己选择一张牌，如果你的牌和我选择的牌颜色相同，如同我预测的那样，那么这就是对通灵连接的最佳证明。如果我输了，我甘愿受罚——给你三枚硬币，多出来的一枚用来弥补我的预测失误。

"准备好在纸牌中对自己的未来一探究竟了吗？你显然可以做到只赢不输！"

⊙　两种结局

结局一：你支付了两枚硬币，算命师先选出你的幸运牌，之后你随机选了一张牌，两张牌颜色相同，都是红色。你得到了幸运牌，并且有证据证明它能够召唤出相似颜色的牌，说明通灵成功。于是，算命师基于这两张牌开始给你算命。算完命之后，你带着幸运牌离开房间；而明显受累于刚刚拨动命运之线的算命师将硬币装进口袋，安静地离开了房间。

结局二：你支付了两枚硬币，你的幸运牌被选出之后你随机选择了一张牌，但不幸的是两张牌颜色不一样——一张红色、一张黑色。承诺好的通灵连接并未出现。算命师道歉说今天的器具平面失准，并给了你三枚硬币，包括你原来的两枚以及作为补偿的一枚。算命师再次道歉，说下一次的通灵也许会成功。虽然这次通灵失败，但你没有损失，离开房间时手中的硬币还增加了一枚。你可能还会很好奇：下次再来的话，是否可能就会通灵成功？

无论以哪种情形结束，整个布局都是为了骗钱，但它是如何运作的呢？这类骗局表面看起来很公平，在实际生活中，人们是如何陷入其中的呢？

⊙ 欺诈套路

让我们看看神秘的数学如何将表面看似公平的东西转变成本质上肮脏不堪的伎俩。这一骗局的核心是一个简单的数学问题，算命师利用其个人魅力和脚本（后面会详细介绍）天花乱坠地胡扯，吸引人们的注意。从数学角度算一笔账：如果我们的AI算命师找到了颜色匹配正确的幸运牌，那么，它就能赚到两枚硬币；如果没找到，它就要支付三枚硬币——表面看来，这似乎是罚金，但你别忘了，三枚硬币里面有两枚是你之前支付的。所以，如果纸牌颜色不匹配，AI算命师仅损失一枚硬币。

我们得聪明一点，研究一下其中的概率。幸运牌一说当然是胡扯，它可以是一副牌中的任意一张，而测试牌也是从这副牌剩余部分中随机挑选的。所以，这就跟用洗好的一副牌玩颜色"捉对儿"游戏没什么两样。两张牌颜色相同（黑–黑或红–红）和颜色不同（红–黑或黑–红）的概率均为50%。

如果AI算命师不断玩转这一骗局，那么它骗到的钱就会不断增加。为什么？假设有10个人落入这一骗局，这一套路一共玩了10次，平均来看，其中一半人（5人）因为两张牌颜色不匹配而赚钱，但另一半人（5人）支付了两枚硬币。表4对这一情形进行了总结。

表4 "算命"骗局玩转10次可能出现的情况和获利结果

10个受害者的平均情况	利润计算公式	解释说明	最终获利/损失
5人颜色匹配	5×2枚硬币＝利润	每次颜色匹配都赚得2枚硬币	赚得10枚硬币
5人颜色不匹配	5×1枚硬币＝损失	每次颜色不匹配时，退回的3枚硬币中的2枚属于受害者	损失5枚硬币

由表4可知，平均来看，"算命"骗局玩转10次后，AI算命师将赚得

5枚硬币。

参与这一骗局的人越多，AI算命师赚到的钱就越多。我们很容易犯这种错误，这是因为我们没有真正看到事情长期发展的数学结果。这种事经常发生，并不仅限于这种不道德的欺骗行为。例如，生日悖论告诉我们：一个房间里仅需有23个人，其中有两人生日相同的概率就可以达到50%——很难想象到吧。

⊙ 利用巴纳姆效应骗人上钩

现在，我们已经知道这个骗局是怎么回事了，但如何才能哄骗人入局呢？如果不细加思考，这个骗局的基础数学伎俩听起来就会很有说服力，表面上看，你什么损失都不会有，因此可以放心大胆地玩。但还有其他方式可以哄骗人上钩。在第六章中，我们研究了聊天机器人这种模仿人类对话的AI系统，它对于一般的聊天很有用。我们能否构建一个能假冒成算命师的聊天机器人前端呢？

只要我们一坐下来，它就得表现出能够为我们预测事情的样子，甚至要在提出给我们找幸运牌之前做到这一点。由聊天机器人假冒的算命师要怎样获得我们的信任呢？答案是利用巴纳姆效应，通过操纵我们的语言认知来建立信任。该效应的命名来自著名的"马戏之王"菲尼亚斯·T. 巴纳姆（Phineas T. Barnum），他因推行骗术而声名狼藉。巴纳姆效应的基础是，人往往会相信他人对其人格的描述是准确的，而实际上这些描述可以适用于广泛的人群，比如"有时你会怀疑你的选择是否正确""你的某些梦想往往非常不切合实际"等描述。唉！这些描述适用于每个人，不是吗？但试验中人们却会认为这些描述专门适用于自己。如本章开头那样，我们的AI算命师就是在利用巴纳姆效应开启对话。这意味着，明明它用的是一般性描述，我们也往往会相信对方对我们产生了深层次的神秘了解——这便把我们拉进了"算命"骗局。

跟任何其他聊天机器人一样，你可以展开更加复杂的对话，而不必遵循完全一样的脚本。你可以设置大量的巴纳姆式描述，供AI选择。选择可以是随机的，但必须有说服力。聊天机器人可量身定做初始对话，并根据受害者的回复触发不同的而且可能是更为恰当的巴纳姆式描述——其复杂程度完全取决于作为设计者的你。

⊙ 渐次推进

现在，我们有了一个有说服力的骗局，以及一个能够引诱客人并使他们心甘情愿掏钱的聊天机器人。要编制一个能完成整个骗局的AI还需要两大要素：首先，它需要能够确认客人是否真的已经给钱，否则的话它才是上当的那个——因为它可能在心甘情愿地往外给钱，实际却一分钱没收到！它需要能够确认受害者已经把两枚硬币放在桌子上。实际上，这个要素我们已经准备好了，只需从第七章中找一个训练有素的神经网络即可。

其次，我们还需要它能够分辨出什么时候可以收钱，什么时候必须赔钱，即它需要能够检查所选择的两张牌颜色是否相同。这一部分我们其实也已经组建好了，只需借用第七章的"捉对儿"神经网络即可。

将旧部件与改装部件相组合，我们便可以组建自动欺诈程序：一个可以利用巴纳姆式描述来工作的改装版通用聊天机器人。它包括按照我们希望的方式行动的硬币计数器，以及用来检查纸牌颜色和赔钱与否（而非喊"捉对儿"）的改装版"捉对儿"系统。

如此一来，我们又玩了一次分解游戏。分解出来的每个部分都为我们的目的服务，加上归纳，每个独立的模块就可以组合起来制作成新的东西。

伦理与统治世界

⊙ 人工设计的对与错

以上示例表明，巴纳姆聊天机器人的前端、硬币计数器和颜色"捉对儿"系统等不同部件可以组装在一起，进而创建出可行的AI系统。每个部分的组成要素实际上随处可见：纸牌、纸张和笔，还有硬币。AI不必非得在计算机上建立，所需的计算可以用大量不同的方式进行。当然，你可以将所有不同部件、抽象元素和算法进行编码，编制可以在计算机上运行的程序。但是，让世界充斥着这种欺骗性的AI系统真的好吗？

我们已经利用它来阐释模式匹配、语言处理、神经系统和"如果–那么"式生成规则等计算要素，但构建真正AI系统的计算机科学家还需要考虑他们工作成果的伦理问题。他们创建的系统会为谁带来什么好处？是否不能设计某些类型的AI系统？原因何在？对人类使用这些系统的行为进行操纵，在多大程度上可以被接受？我们是否能建立那些模仿人类，进而实现欺骗目的并让人产生依赖性或给人造成某种伤害的系统？这些都是需要考虑的伦理问题，即从道德上审视对错。计算机科学家需要遵守法律，但有些时候，即使遵守了法律，还是会造成伤害。这个AI算命师是否就是这样一种会造成伤害的系统？你认为呢？你的朋友又怎么认为？计算需要以恰当的方式存在于我们的社会中，未来的AI设计师需要考虑这一点。

⊙ 机器人会统治世界吗？

我们在第六章介绍"机器人"这一术语时引用了发表于1921年的剧作《罗素姆的万能机器人》。自机器人诞生以来，似乎不时就会冒出关于机器人或AI试图统治世界的电影或节目。但电影中的邪恶AI与现实科学有什么联系？AI能否统治世界？它如何能做到？它为什么会想要统治世界？编剧在塑造电影中的AI反派角色时需要像写侦探类作品一样考虑其动机和机会。

⊙ 寻找有意义的动机

让我们首先研究一下动机。几乎不会有人认为AI自身的智能一定会导致其产生统治世界的欲望。如果你通过了学校考试，就自动说明你会做点坏事狂欢一下吗？当然不会。在电影中，AI角色通常会受到自我保护意识的驱使，担心容易受惊的人类可能会将其关闭。但我们是否会给予我们的AI工具理由，使之感到被威胁呢？它们为我们带来了便利，而且看起来几乎完全没有理由要在某类功能（如仅仅是在网上搜索最近的意大利餐厅）的系统中建立一种自我意识。

AI具有邪恶性的另一普遍动机是它们对逻辑的狂热运用，例如某些作品的主题——保护地球，这一目标只能通过消灭全人类来实现。逻辑的这种破坏性令人联想起计算机宁愿选择一个不跑的钟，也不会选择一个跑得慢2秒的钟，因为不跑的钟每天还有两次是准的，而跑得慢的钟却永远准不了。这种情节动机的基础是一种混杂着漠视生命的脆弱逻辑，似乎与现在的AI系统相悖——我们现在的AI系统可进行不确定的数学推理，并以能够与人类安全合作的方式编制。著名科幻作家艾萨克·阿西莫夫（Isaac Asimov）在其机器人作品集《我，机器人》（*I, Robot*）中对此进行了通篇思考。在这部作品中，所有的机器人都内置有不可篡改的规则集，即"机器人学的三大法则"（亦称"机器人学三定律"），来防止它们伤害人类。

⊙　机会来临

如果我们思考AI统治世界的机会，似乎答案会更加确定。机器智能的著名图灵测试的设置目的就是衡量一种特殊技能：开展可信对话的能力。图灵测试的假设是，如果你不能通过测试某项技能将机器人与人类区别开来，那么机器人就通过了测试，并应视作与人类一样智能。

所以，测试统治世界"技能"的图灵测试会是什么样的呢？为探知这一点，我们需要将反社会AI行为与统治人类世界所需要的属性进行比对。世界统治者需要控制我们生活中的重要方面，比如我们获得金钱的方式或者我们购置房产的能力。我们发现，AI已经能做到这一点了。例如：AI能够通过筛选大量信息来决定你的信贷价值，进而做出贷款决策；此外，AI现在也应用于股票市场交易。

统治者会下达命令，并要求他人遵守这些命令。那些无助地站在商店自助收银台前、被不断要求装袋的人，已经知道被AI差遣的感觉了。

⊙　统治世界宾果游戏

让我们来玩统治世界宾果游戏吧，看看AI统治世界是多么近在咫尺。你需要制作自己的统治世界宾果游戏卡：在一张卡片上画网格（如3×3），并在每个格子里写下能够实现统治世界之目的的行为。给你些提示，不妨设想一下：你最喜欢的超级反派人物，他们要做什么才能够让你知道他们已经统治世界了呢？可能是控制了互联网，控制人们的行动自由，甚至是收税。在宾果游戏卡的每个方格里写下一个卑劣的行为，直到全部填满，然后与朋友交换卡片。

规则很简单，每个人都要抓紧时间在网上搜索，如果你发现某个计算机、机器、机器人或AI系统的行为与卡片上的一致，就在卡片上画钩，找得越多越好。每找到一个这样的案例，你需要记录下这个网络页面，并勾掉相应的方格。试着找出一组呈水平或垂直分布的不同卑劣行为组成的直线，就像一般的宾果游戏一样。

第一个连成线的人大喊"宾果"（当然，要用邪恶机器人的口吻），如果检查发现勾出的示例与网页上详细描述的活动的确匹配，那么此人便是赢家。如果约定要在固定的时间里玩这个游戏，那么在这一时间里勾掉方格数量最多的人就是赢家。但宣布胜出之前还是要检查卡片，确保所找到的示例真实无误，并与宾果游戏卡方格中填写的超级反派人物的行为相匹配。

通过玩这个游戏，你会更加了解现在的机器人和AI的真正能力。在那之后，你再决定自己是该开始担忧还是放下戒备。

⊙ 杀死比尔？

我们发现，任何狂妄自大的好莱坞机器人，如果没有杀戮人类的欲望，似乎都无法被称为完整的机器人。我们已经发明出可以在没有人类干预的情况下就识别目标的军事机器人。至今为止，发出攻击命令的仍是人类，毫不夸张地说，这些AI是可能出现自动杀戮行为的。但我们需要更改计算机代码才能实现这种行为。实际上，自动杀戮机器人已经存在，不过并非用于杀戮人类。在我们写这本书的同时，配备毒针的机器人已经在大堡礁游荡，它们追踪并杀死那些正在摧毁珊瑚的海星。这些机器人一旦出笼，没有人会对它们发布杀戮命令，它们会自行决定谁生谁死。

虽然这些示例有待论证，但它们已经表明，AI确实控制着某些数量有限但却意义重大的地球生命；但真正统治这个世界，要按照电影里的方式，将单个AI联合起来，创建一支同步的AI军队。例如，跟你的健康检测器聊过之后，某个控制欲强烈的自助收银台会拒绝卖啤酒给你。而后，二者可能会伙同一个信用评分系统，使你必须买一双内置有定位追踪器的运动鞋并只吃智能冰箱里的羽衣甘蓝，才能提高你的信用额度。当然，只有运动鞋的数据显示已经跑完规定的5英里，你才开得了冰箱的门。

这类设想不禁让人忧心忡忡，但好在它大概率不会发生。世界各地的工程师都在开发物联网，这种网络将各种设备和实物连接到一起，并创造新服务。拼图碎片需要被整合在一起才能形成统治世界的完整局面，而这一情况不太可能发生——因为需要整合理顺的碎片太多。这很像电影《独立日》里广受诟病的情节漏洞：电影中的苹果Mac计算机和外星飞船的一个软件莫名其妙地具有了跨平台兼容性，居然插到一起就可以工作。

地球上的AI系统用广泛的计算机语言编制而成，以不同方式储存不同数据，并使用不同且不可兼容的规则集和学习技巧。除非我们将其设计为可兼容的，否则不同公司为不同服务目的而开发的两个设计得很安全的AI系统没有理由会自发合并到一起，也没有理由在毫无人工干预的情况下共享能力，形成某种更具普遍意义的目标。当然，全球化即意味着现代化的全球性大型企业拥有将所有东西协调一致，通过控制市场来获得更多利益的强大动机……

那么，AI和为其提供容身之所的机器人是否能够通过测试并占领全世界呢？可能会吧，只要我们这些聪明却弱小的人类由得它们，并给它们提供大量帮助。但我们人类会这样做吗？

第九章

网格、图形和游戏

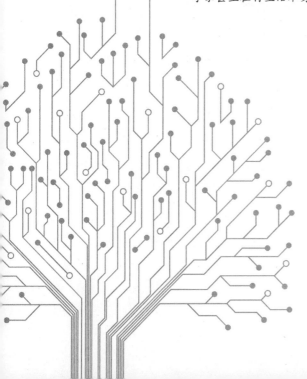

网格和游戏，这两样可以很重要。网格是许多游戏的基
础，也是计算的重要组成部分。网格可以是图的一种
表示方式，基于网格的生活类游戏甚至会催生一种全新的
计算方式；而网格游戏的另一规则能帮我们解释为什么人
类已经不是地球上最厉害的游戏玩家了。如今，计算机科
学家甚至在将生活本身转变为游戏。

作为图像的网格和游戏

☉ 作为高科技艺术产业的游戏

计算机游戏的历史相当短，但这一产业的价值却已超过了电影产业。无论是可以扮演巨魔的《魔兽争霸》，还是需要击败那些惹人厌的肥猪的《愤怒的小鸟》，计算机游戏都是基于游戏机、笔记本电脑、随身携带的智能手机或平板电脑内部的计算机代码。它们既为我们提供娱乐方式，也为我们提供与其他人交流的新方式。

电子游戏主要分为两大类别。第一大类别是大型游戏，要动用数百人，这些程序员、设计师和艺术家一起合作创造这种游戏。在这个过程中，他们还要利用科学，比如创建物理引擎，即运行游戏世界物理原理的智能计算机软件。这种引擎决定岩石如何落下、衣服如何在风中摇曳。它们当然是一种计算模型，模仿这个世界只是为了好玩，而不是为了理解这个世界。今天的电子游戏代表着计算机科学与艺术的融合，正如游戏先驱理查德·加略特（Richard Garriott）所说的那样，它是典型的高科技艺术。第二大类别是独立游戏，它们大多是为智能手机开发的，可以由少数专门的创意程序员和设计师创造。智能手机应用市场的出现为探索与开发新想法和新主题提供了土壤，对连接社交网络的游戏（即所谓的社交图谱）而言尤其如此——我们把大量时间都花在了这种游戏上。有一种说法是每个人都有自己关于应用程序的点子，只要得到一点帮助，每个人都可以创建自己的应用程序。如果你感兴趣，网上有许多免费的软件包能帮助你将想法转变为智能手机的代码。你不妨把它们下载到手机上，向朋友炫耀一下。

⊙ 像素构成图像

就本质而言，大多数计算机游戏都建立在计算机图形和图像的基础上。（不过，未来你一定能在真实世界中玩更多的全感官游戏！）我们在屏幕上看见的图像是由成千上万个像素构成的。像素就是图像的组成元素。利用屏幕上的这些小点（像素），我们就可以控制图像的亮度和色彩（用数值表示）。只要屏幕足够大，通过将屏幕的像素值设置为正确数值，我们便可以创造出可以想象到的任何图像。像素越多，分辨率就会越高，图像呈现的细节就会越清晰。图52（a）展示了一张呈现机器人头部的图像，像素只有64（即8×8）。这个图像很难辨认，因为没有足够的像素来呈现细节。图52（b）展示的是同一张图像，但像素达到了256（即16×16）。现在可以清晰地辨认出这张图像呈现的是机器人头部。如果像素继续增加，分辨率会继续提高，图像会呈现出更多细节，比如可能显示出眼睛、鼻子和嘴巴的形状，而不仅仅是一些点。

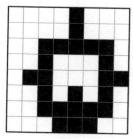 

（a）8×8像素的机器人头部图像　　（b）16×16像素的机器人头部图像

图52　不同分辨率下的像素化图像

如果将计算机的屏幕看作一个网格，那么游戏就是我们可以控制的一系列图像。（看，又出现了更多的表示示例。）

我们可以使用多种方式来创建这种图像，即计算机图形。使用简单的光栅法，我们可以为每个像素存储数值。图52（a）所示的图像可以存储为64个数字：

00001000, 00001000, 00111110, 00100010,

01100011, 00101010, 00111110, 00011100

其中，0表示白色像素，1表示黑色像素。从上到下，沿着屏幕行列快速移动，我们可以迅速设置像素值，从而创建出图像。

像素越多，图像就越清晰，但也需要存储更多的数字来表示图像。如需存储更高分辨率的机器人图像，如图52（b）所示的图像，64个数字是不够的，我们需要256个：

0000000000000000, 0000000010000000,

0000000111000000, 0000000010000000,

0000011111110000, 0000011111110000,

0000100000001000, 0001101010101100,

0001100010001100, 0001100000001100,

0000100111001000, 0000100111001000,

0000100000001000, 0000011111110000,

0000001000100000, 0000001111100000

在这些图像中，我们只有两个数字可选，即1和0，因此我们的图像只能呈现两种颜色：黑色和白色。如果我们使用更多数字来代表不同颜色，那么我们就可以用相似的方法来存储彩色图像。不过，那需要用到更多数字。

另一种图像的表示方式是存储组成图像的线条和形状，即用矢量法表示图像。使用这种图形表示法，我们可以界定成千上万条线的起点和终点，并迅速在屏幕上画出来。例如，如果要用矢量法画一个正方形，我们无须在整个网格里拼出每个像素，而只需存储一系列指令，如：

线（北，50）；

线（东，50）；

线（南，50）；

线（西，50）。

想要画出图像，我们只要遵守这样的指令即可。这种表示方式总体上占用的空间更小，而且还有另一个巨大的优势。比如，上述指令画出的是一个大小为50的正方形。假设我们希望图像面积增至100倍，只需要在画图的时候将所有边长乘以10即可。如果想将这个正方形缩至1/100，我们只需要将边长除以10即可。通过这种表示方式，我们可以尽情地将图像放大，呈现在更大的屏幕上，在不必存储更多数据的情况下保证准确度。

这就是为什么pdf文件使用的图解表示方式占用的空间更小，且放大的时候仍然很清晰——因为它们存储的就是矢量版本。另外，更高清的jpeg格式图像需要更大的存储空间，在存储的时候你需要决定网格的分辨率。因此，当你将一张jpeg格式的图像放大时，画面就会变得模糊不清，线条也会参差不齐。

我们可以用矢量法制作3D图形，即把数以万计的简单图形基元组合到一起，包括球体、长方体、圆柱体等。对图形基元进行不同的组合，我们就可以创造出我们想要的各种复杂图形。

有些系统可以模仿、合成世界上的光照射过渡（更复杂的计算模型，可用于表现光源如何照亮物体），令照片呈现出更加真实的视觉效果。我们还可以在图形基元上附加复杂的移动脚本，从而指示图形按预设的方式移动。这种脚本一般可以通过捕捉真实物体的移动来编写，图片看起来是否自然的最终效果取决于计算能力，程序员能够写出的代码质量，以及充满创造力的人类大脑的想象力。不过，简单的网格和若干简单的编码规则就已经可以产生一些有意思的结果了。

生命游戏

⊙ 在网格上玩游戏

让我们从一个简单的基于网格的游戏开始，游戏包含一套决定如何开启/关闭像素的规则。像素值的切换取决于其周围区域有多少像素。听起来很刺激，不是吗？那就再仔细想想。即便是这种简单的游戏也会带来许多乐趣，而且我们还可以利用它来了解自然界。

这个游戏是数学家约翰·康威（John Conway）的生命游戏，于1970年首次发布，并受到全世界计算机科学家的欢迎。游戏规则很简单，不过康威下了很大的功夫来实现规则的正确平衡，以便为游戏增添乐趣。

网格代表一个简单的方形世界，细胞（像素）可以是活着的（开启的），也可以是死了的（关闭的）。每个细胞的周围（横向、纵向和对角线方向）有八个细胞，其网格被称为这个细胞的邻域。当前活细胞能继续存活的条件是，其"邻域"中正好有两个或三个活细胞：数量无须太多，足以相互扶持着活下去即可。如果任何活细胞"邻域"中的其他活细胞不到两个，那么这个细胞就会因为种群过稀而死亡。同样，如果任何活细胞邻域中的活细胞多于三个，那么这个细胞就会因为种群密集而死亡。最终，任何邻域中刚好有三个活细胞的空网格都会繁育出生命，这便是一种对于繁殖过程的模仿。图53对此生成规则进行了总结。图54则展示了一个模式示例和一个生命周期。

从简单的数学入手，将一套简单的生成规则运用于网格中的细胞，随着时间的推移，我们会看到奇怪和有趣的生存模式出现和消失，而细胞则会根据规则摇摆于生死之间。

空网格：

如果附近刚好有3个细胞，

那么细胞诞生，

否则网格仍为空。

活细胞：

如果附近有2个或3个细胞，

那么细胞存活，

否则细胞死亡。

图53　生命游戏的规则

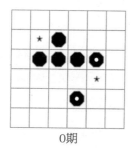 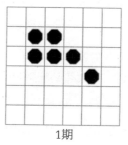

0期　　　　　　　　　　　　　　1期

图54　生命规则运用示例

图中展示了一个生命周期和结果。八边形代表当前的存活

细胞，小黑星代表将有生命诞生，白圈代表该细胞将死亡。

⊙　亲自体验生命游戏

你可以自己尝试一下。玩这个游戏需要一个大型网格，你可以先用国际象棋的棋盘，但很快会发现你需要更大的网格，如果有围棋棋盘会更好。或者，在你能找到的面积最大的一张纸上画大量由方格组成的网格。理想情况下，它应该无穷大，但可惜你的房间装不下……因此，在某些时候你只能接受现实——如果你的模型快要超出棋盘的边界，你要么迅速制作出更大的棋盘，要么接受这就是生命的尽头，你的创造物会跌出宇宙的边缘。

你需要准备一些棋子来表示降生的细胞，还有另一些用来帮你标记在下一期中就要死亡的细胞。你不能简单地将它们移除，因为需要把一切完全算清楚。你可以使用围棋棋子——将黑棋子换成白棋子，来表示那些即将死亡（上天堂）的细胞。你还需要用某种方式来标记那些即将有生命诞生的网格，可以用不同颜色且体积更小的东西（比如珠子）。你也可以用三种硬币或三种彩色的珠子（但如果世界上的生命大量增加，你可能会需要很多种硬币或珠子）。

游戏开始了，你在棋盘上将棋子随机摆成一个图案，然后一步一步遵循生命规则"下棋"，这些生命规则等同于这个小世界的物理法则。为了替下一期做好准备，在移除即将"死亡"的棋子及引入代表细胞诞生的"活"棋子之前，要准确算出整个棋盘上的所有"新生"棋子和"死亡"棋子。玩生命游戏的时候，你需要极度关注细节——只要有一个细胞出错，你最终得出的图案就会完全错误。

在线模拟游戏很多，你可以搜索"生命是如何在更大范围中存活的"。如果你会编程，当然也可以创造自己的游戏版本。牛津在线海龟系统（www.turtle.ox.ac.uk）包含海量生命游戏程序，你不妨研究看看。

⊙ 生命之园

康威发现某些游戏图案是静止的，它们在网格的同一位置保持不变。他称之为静止生命（still life），比如图55中的"蛇"形模式。你能从无数初始开场中找到其他静止生命吗？

某些图案则会通过一套固定的子图案来改变其形状，并最终会回到初始图案，之后再开始这一过程，无限循环。它们被称为振荡器（oscillators）。例如，图56中的闪光灯就是一个简单的振荡器。从彼此间保持足够距离以避免相互干扰的闪光灯开始，你可以制作出绝妙的闪光图案。这种由振荡器形成的图案被称为脉冲星（pulsars），它以能够产生规律的能量脉冲的奇异恒星来命名。

康威的同事理查德·盖伊（Richard Guy）发现，有些图案可以回到初始形状，但位置会在网格上发生移动。这类移动的图案被称为滑翔机（gliders），图57所示的图案在更普遍的意义上被称为太空船（spaceships）。

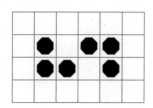

图55　"蛇"形模式

生命游戏中一种静止的生命形态。每个活细胞都有2个或3个邻居，

因此没有细胞死亡；而空网格周围均未正好有3个棋子，因此也没有细胞降生。

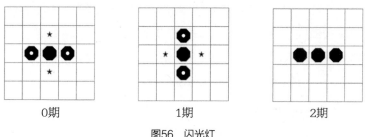

0期　　　　　1期　　　　　2期

图56　闪光灯

生命游戏中的一种振荡器。中心棋子上下方的细胞刚好有3个，

所以有细胞降生，但同时每个终末细胞会死亡，因为其周围只有一个棋子。

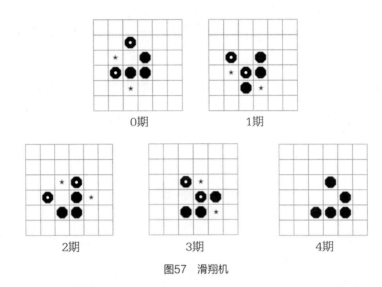

0期　　　　　　　　　1期

2期　　　　　　3期　　　　　　4期

图57　滑翔机

经历过4轮生命周期后，虽然细胞在网格上按对角线方向移动，但最终回到了原始图案。

　　生命游戏甚至可以模拟逻辑门。我们之前已经讨论过逻辑门，它是计算机的基础部件，可以用晶体管制作。现在，我们也可以用生命游戏中的细胞来制作逻辑门。这意味着，如果你的网格足够大，你就可以借助那些遵循某些简单规则的细胞，在网格上制作一台可以运行的计算机。

⊙　模仿全新的世界

　　计算机科学家早就开始提出这个游戏的新变种，比如三维网格、六角网格等。通过改变网格世界及其规则，他们发现随着时间的推移，计算机不断重复迭代每个步骤，会产生更有趣的图案。

　　康威发明的这个游戏被命名为细胞自动机，这是另一种全新的计算方式。你可以调整规则，以便细胞能够进行不同类型的计算。原本遵循简单规则的细胞可以发生变化，甚至变得更复杂。每个细胞现在都是一个自动机，坐落在网格上的某个位置，并含有具备自己规则集的代码。当这个自动机与置于网格上的数据产生联系时，自动机就会吞噬该数据以及邻域数据，以生成适当的输出。此输出还可能取决于这个细胞过去若干期（比如10期）的状态。康威制定的最初规则现在已经被排除在数字化窗口之外。

这些复杂的自动机可以在各个领域发挥作用。它们可以用来研究大自然的规律：探索热带雨林中植物如何蔓延，珊瑚礁如何生长，地震如何发生以及动物如何迁徙。每个细胞成为对世界某个部分的抽象，为感兴趣的事物的行为以及它与邻域的交互方法编码规则。细胞自动机现在已经成为用基于细胞的计算模型进行生态研究的新方式。

细胞自动机还可以帮我们了解公路堵车如何形成以及疾病如何在人群中传播。涉及密码学领域时，可以将待加密的数据置于网格上，然后由自动机处理。它们的规则很简单，因此任何人都可以加密信息；但解密信息就没那么容易了，除非你知道密钥。这样一来，外人就很难将已编码的信息转换为初始信息。细胞自动机甚至能用于作曲，除此之外还有更多用途。这对于一个以简单棋盘开始的游戏来说，已然是很不错的成就。

人们玩的游戏

⊙　想玩单词游戏吗？

跟康威的生命游戏不一样，这个游戏需要两名玩家——通常这样才能在游戏中享受竞争带来的乐趣。这是个简单的单词游戏，叫作Spit-Not-So（并非真的吐痰，别担心）。首先，解释一下规则。让我们写下如下单词：

SPIT, NOT, SO, AS, IF, IN, PAN, FAT, FOP

游戏方式如下：

1. 玩家1从列表中选一个单词，将其划掉并记录下来。

2. 玩家2从未划掉的单词中选一个单词，同样将其划掉并记录下来。

3. 两名玩家轮流这样做，直到其中一人获胜，即第一个持有三个包含同一字母的单词的人就是赢家。

下面给出一个示例：

玩家1选取NOT；

玩家2选取SPIT；

玩家1选取FAT；

玩家2选取PAN；

玩家1选取FOP；

玩家2选取IF；

玩家1选取SO。

玩家1持有NOT、FOP和SO，由于这三个单词都包含字母O，因此玩家1为赢家。

玩几轮体会一下。然后继续往下阅读，找出偷偷获胜的方法，或者你也可以自己琢磨一下。我们稍后再讨论。

提示：思考如何将单词排列在网格中，以便更容易发现获胜的单词集。实际上，这跟你已经知道的另一个游戏相同。

⊙ 击败人类

我们知道计算机可以做一些神奇的事情，其中之一便是在游戏中击败人类。计算机可以击败世界第一的国际象棋选手，它是怎么做到的呢？如果有一张纸足够智能，它玩游戏能否跟人类一样厉害？答案是肯定的。如果规则正确，现在你可以跟那张纸对垒看看。

圈圈叉叉（井字棋）是一个基于网格的流行游戏，可以通过纸笔来快速体验竞技游戏的乐趣。让我们来玩一下，探索计算机是如何参与游戏的吧。在圈圈叉叉游戏中，玩家轮流在3×3的棋盘上画符号：一名玩家画圈（○），另一名画叉（×）。每走一步，就在棋牌空白的方格里画×或○。最先在横向、纵向或对角方向连成线的人获胜。如果没人做到，则为和局。

　　你会发现打败图58给出的那张纸没那么容易！试试吧。每当轮到这张纸走下一步，就按照图58给出的指示替这张纸走一步即可。然后你按照你自己的想法走出你的下一步。这张纸是先手，画×。这张纸玩出了完美的圈圈叉叉游戏。跟着指示玩吧。

画×者先走。

第1步：我想走角格。

第2步：如果你没有占据我第1步的对角，那我就走那里；否则，我走任意角格。

第3步：如果某一行（列或对角线）里有两个×和一个空白区域（三者排列顺序
　　　　随意），那我就走空白区域。又或者有一行（列或对角线）里有两个〇
　　　　和一个空白区域，那我就走那个空白区域。以上皆否，我走任意角格。

第4步：如果某一行（列或对角线）里有两个×和一个空白区域（三者排列顺序
　　　　随意），那我就走空白区域。又或者有一行（列或对角线）里有两个〇
　　　　和一个空白区域，那我就走那个空白区域。以上皆否，我走任意角格。

第5步：我走任意空白区域。

图58　这张纸的先手规则

　　这张纸赢了吗？是和局吗？你打败这张纸了吗？

　　你能取得的最好结果（如果你没作弊）就是和局。这张纸的玩法体面吗？它拥有一些玩游戏的知识，能够明智地走出下一步。就像康威的生命游戏是基于规则一样，赢得这个游戏也需要利用一套经过仔细设计和测试的指示，也就是我们都熟悉的算法指示，它一般存在于计算机存储器中供计算机遵守。

　　不过，计算机只能做程序员能想到的事情。对于那些未预期的事情，它似乎就没那么聪明了。我们编写上述规则，预期那张纸是先手。但如果那张纸必须为后手呢？试试吧！它还会表现得那么聪明吗？这就是程序员

需要掌握的技能：为每一种可能性编写规则。你想不想试试为玩家2编写一些有用的指示？将其与之前的先手规则组合起来，这张纸便将永远立于不败之地。

但这是真的智能吗？它只不过是在遵守某个人写给它的规则罢了。我们能看到的只有结果。至少在先手的时候，它当然可以像最厉害的人类玩家那样厉害、那样战无不胜。如果是国际象棋一类的更复杂的游戏，算法则需要更加复杂、巧妙，但理念是一致的。利用这种算法，人类已经设计出完全一样的游戏规则。不过国际象棋太复杂了，人类无法阐释清楚其制胜规则。因此，下国际象棋的计算机需要算法来告诉它们如何自己想出办法来获胜。

现在，计算机已经可以在游戏中战胜国际象棋大师。过去，我们一直认为国际象棋是测试计算机智能的终极武器。但事实上如果你拥有一个足够复杂、足够快速、存储空间足够大的程序，能够针对任何棋盘布局给出成千上万种可能的走棋模式，那么计算机就可以选取能够给出最好结果的那种模式来战胜人类玩家——这叫作树状查找，也是我们在给出圈圈叉叉游戏的完美指示时所遵循的算法。不过，国际象棋的可能性太多，目前无法彻底做到这一点。国际象棋计算机能看到很多可能的走棋模式，但却无法确保能看到最后一步。而优秀的人类国际象棋手不会每走一步就详尽算计，他们会寻找熟悉的布局模式，并据此选择适合当下的策略，即遵循模式匹配。

此外，还有其他更复杂的棋盘游戏给计算机带来了新的挑战，比如古老的围棋。围棋是一种流行的策略性棋类，与国际象棋不同，两名玩家用黑白棋子在19×19的网格上进行对弈，规则很简单。但是，可能出现的棋盘局面千变万化，想要按照我们目前讨论的方式来分析围棋，要花费的力气比数清宇宙中有多少原子所花费的力气还要大。按照下国际象棋的方法，计算机目前无法在围棋游戏中获胜。

因此，为了在围棋游戏中获胜，研究人员采用了不同于下国际象棋的方法。国际象棋计算机只需要遵守明确的程序就可以获胜，而为了战胜人类围棋高手，计算机程序阿尔法狗需要按照程序设置，利用强大的通用学习算法和我们已经介绍过的理念，在下棋的过程中进行学习。阿尔法狗的算法可以从下过的棋局中提取获胜模式，并在每次获胜或失败的过程中完善走棋技巧。最终，经过大量的学习之后，阿尔法狗在2015年的一场多番棋比赛中战胜了专业的人类围棋高手。2016年，它又在五番棋比赛中以4比1击败了世界顶尖围棋手李世石。

除了棋盘游戏之外，还有很多其他类型的非棋盘游戏，比如扑克牌。扑克机器人是可以玩扑克的程序，它们也可以战胜人类，只是要处理好与棋盘类游戏不同的游戏复杂性。国际象棋和围棋的所有一切都是可视的，而扑克与之不同，是一种信息不完整的游戏，你不知道其他玩家的牌面以及接下来要发的牌面。扑克机器人通常利用概率来猜测，这与娴熟的扑克玩家使用的方法差不多——这一领域的研究有助于科学家更好地了解人类应对风险和做出决策的方式。

⊙ 改进我们玩的游戏

明确编写的AI规则集（如我们的圈圈叉叉游戏算法），如雨后春笋般在真实游戏中不断出现。它们运行的背景通常是棋盘游戏的计算机版本，因此你可以与计算机进行比赛。在多玩家游戏中，通常存在非玩家角色，这种角色内置人工智能规则，用来控制它们与真实人类玩家的交互方式，从而使游戏过程更加有趣和可信。AI通常还会监测人类玩家的表现，以便保持游戏的挑战性，并控制游戏元素的生成，比如为不同级别的游戏设置不同难度。有时，人工智能会躲在场景背后，了解你加载应用的手机类型和屏幕尺寸，或检查你的网络连接是否正常。它们还可以收集与玩游戏有关的数据，比如判断哪些部分的玩家玩得最多、哪些玩得最少，以及为什么玩家不再玩这一游戏，或为什么绝大多数玩家都觉得某部分很难。依据这些数据，游戏开发者得以调整游戏玩法，或改进玩家购买游戏的方式。

⊙ 如何赢得Spit-Not-So?

让我们回到单词游戏Spit-Not-So。我们很难追踪哪些单词会使选择它们的玩家在这个游戏中获胜，除非你知道下面要说的窍门。像图59所示那样将单词排列在一个网格中（确保不让你的对手看到）。在游戏过程中逐一划掉单词，用×代表你的走棋，用○代表你的对手的走棋。

玩上几轮之后，追踪下一步会变得更容易。如果你逐行（列或对角线）观察这些单词，那么你会发现每行的三个单词都含有同一个字母。如果你的对手一行有两个单词，而你不马上阻止他得到第三个单词，他就赢了。如此一来，你其实就是在玩圈圈叉叉游戏，而你的对手还在挣扎于Spit-Not-So。从某种意义上说，这两个游戏完全相同——其完美玩法适用的规则完全相同！

网格中单词的位置非常重要。它们的安排方式是为了确保每一行（列或对角线）中的单词都包含同一个字母。这意味着，挑选包含同一字母的三个单词现在变成寻找"行"（一种可视模式）。如果你知道玩圈圈叉叉游戏的完美玩法（使用之前给出的指示/算法），你将永远在Spit-Not-So游戏中立于不败之地。看，一个算法，赢两个游戏！

NOT	IN	PAN
SO	SPIT	AS
FOP	IF	FAT

图59　在Spit-Not-So游戏中如何通过排列单词实现轻松制胜

当然，我们刚刚又用到了在导游谜题中用过的计算思维技巧：当一个问题变换表现形式后变成一个与我们已经解决的问题完全相同的问题时，我们就可以利用原始问题的算法来解决这个新问题。这两个问题被归纳为同一问题，因此其解决方案也相同。

⊙ 我们看待事物的方式

为什么将单词排列在网格中比罗列在列表中更容易使玩家获胜？因为网格中信息呈现的方式使我们的大脑更容易对信息进行处理。我们的大脑非常擅于发现可视模式——我们几乎不费吹灰之力就可以做到（下一章将详述这一点），所需要的精力要远远少于在列表中寻找字母并记住单词。安排和呈现信息的方式很重要。这个示例再次证明为什么选择恰当的数据呈现方式如此重要，它会使困难的任务简单化。

这就是过去那种键入指令式系统进化为如今图形用户界面的原因之一。在图形用户界面，你处理信息的方式是可视化的，无须处理单词。用可视化的模式匹配来寻找正确答案，比处理和理解单词的模式匹配要简单得多。

如今的游戏必须考虑用户体验。应用程序需要能够吸引用户的注意力并易于即时玩乐，否则它们就会被卸载。作为游戏设计师，你需要了解人类大脑的运作方式，并通过测试来确保你的理解正确，这样就可以确保你的游戏的进入方式和玩法对于玩家来说既简单又直观。

⊙ 到处都是游戏

康威的生命游戏仅仅是个游戏，但真实的生活也在被转变为游戏。通过游戏化理念，游戏哲学及其流行性现在已经扩展至其他各种应用程序。游戏化将游戏元素和原则应用于全新的不同场景中，试图令人们广泛参与教育、健身等活动，甚至用于解决选民冷漠问题。

这些技术的建立基础是我们当中许多人对赢得比赛、掌握技能、有所成就或获得朋友认同等事情的自然欲望。游戏可以将"玩家"聚集到一起或聚集到比赛中，并以赢得积分、成就勋章、虚拟货币或升级等为奖励。通过将每个人获得的奖励展示给其他人，比如提供排行榜，鼓励玩家继续参加任务。但是，并不是所有人都喜欢这种如此直白的比赛元素，太多游戏化的应用程序只专注于令活动更加有趣，使其更像游戏。

还有些游戏，在保持趣味性的同时还有助于完成重要的科学和文化任务，比如帮助梳理大量星系形状的相关数据，协助医药开发，帮助分类古老手稿。有的游戏刻意在网页上为图片添加描述性标签，以便弱视人群能够理解这些图片。这些游戏聚集了大量的智能资源，并利用人类玩家的技能帮助计算机梳理其必须处理的复杂数据，不过人类大脑在这方面仍更胜一筹。

即使计算机能够在国际象棋和围棋等游戏中打败人类，但（到目前为止）仍然有些游戏只有人类才是最厉害的玩家——它们往往是那些非网格游戏，且更接近于真实生活。

第十章

既见树木又见森林

模式匹配是计算思维的核心之一，模式处处可见。计算机科学家不仅要擅于发现模式，还要擅于建立与模式匹配的算法。通过研究读心魔术算法背后的模式匹配，我们能够了解这些理念。借助归纳数学定理，我们可以设计戏法和其他算法。模式匹配对于强大的算法同样至关重要，它使计算机能够像人类一样"看得见"这个世界。通过创建既能发现模式又能使用模式的算法，我们可以编写更加有用的程序。我们正在教授计算机运用计算思维，以便它们能够做本来只有人类才能做到的事情。

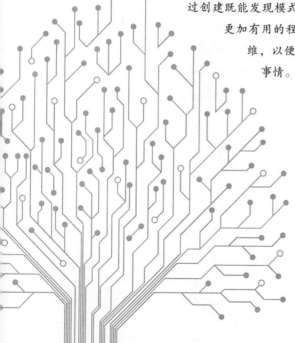

读心魔法

⊙ 模式处处可见

夏日里，当你抬头仰望天上的云彩时，你有多少次看到了毛茸茸的动物？当你分开早餐盘里的煎蛋时，你是否曾经见过溢出的蛋黄汇成一张电影明星的脸？这都是我们大脑试图在周遭世界中寻找模式的示例。在这些案例中，虽然我们的大脑寻找到的是那些偶然出现的模式，但我们的大脑还能发现其他更为重要的模式，它们甚至能使我们保持活力。

寻找和预测模式可以说是我们大脑的主要工作，无论是试图寻找视觉模式让我们看到物体，还是寻找听觉模式让我们听到词语。还有其他一些模式，用来规划我们要做出的决定和采取的行动，如何做出决定取决于我们对已经发生过的模式的了解程度。我们也喜欢模式，对模式的存在感到很自在。举个例子，电视新闻遵循的一般模式是：告诉我们正在发生的事情，将其展示给我们看，然后提醒我们这些已经展示过的事情……看电视时，我们希望经历这三个阶段，如此才能心情舒畅。

在文学中，会反复出现我们喜欢和熟悉的模式。单一神话是作家、神话学家约瑟夫·坎贝尔（Joseph Campbel）在1949年提出的一种设定，这种模式常用于描述主角们的旅程。纵观历史及现代，这一模式不断出现在故事和电影中，通常包括踏上冒险旅程、面临重大挑战、克服这一挑战并凯旋这些内容。这种模式可分为戏剧化的三部分，即启程、中间过程和结尾。荷马的《奥德赛》、莎士比亚的大多数作品以及托尔金的《指环王》等均使用了这一模式。它也是《星球大战》和《夺宝奇兵》等电影的基础。这一模式似乎将故事结构化，让我们觉得这些故事情节连贯，感到愉悦、充实。

我们已经知道，模式匹配是计算思维的核心之一。它被用来发现抽象元素和归纳，提出生成规则和选择良好的表现方式。计算机科学家还致力于研究发现和预测模式的最佳方式。他们运用计算思维来研究进行模式匹配的最佳方式，往往能够用通过复杂模式发现的算法来呈现我们的世界。在计算机上运行这些算法可以使机器自行进行模式匹配。这样一来，计算思维就被应用到其背后的理念之中。

这些模式匹配算法已经被用于研究构成我们的遗传数据的化学碱基的模式，试图将其与特定疾病患者的模式进行匹配。它们还被用于预测金融市场波动，以便取得投资优势。或许，它们还可以预测计算机游戏中的人物该如何对你（已被检测到）的游戏风格模式做出回应，以便始终抓住你的兴趣点。它们甚至还能让机器像我们人类一样"看见"世界。为什么机器就不应该从云彩中看出动物形状呢？模式处处可见，问题仅在于是否能发现它们。

⊙　魔术匹配：暗号和变戏法

让我们研究几个简单的模式匹配算法，一探究竟。魔术师们很久以前就意识到，如果他们知道某个你不知道的秘密模式，他们就可以用这个模式来创造魔术效果。举个例子，有这样一个双人表演的"心灵连接"魔术，它历史悠久且备受赞誉。魔术师团队的一个成员在台上被蒙住双眼，而另一成员则从观众携带的物品中挑选一件物品。通过"共同的心灵连接"，台上的人可以在蒙着双眼的情况下说出搭档选的是什么物品——这个魔术的诀窍是机智的单词暗号，两个表演者在表演之前需要进行大量的记忆工作。

例如，如果被选择的物品是一支钢笔，搭档可能会问"嗨，我手里有什么？"如果选中的是怀表，提问的方式可能是"我手里的物品是什么？仔细想想，不要着急。"当然，这些示例非常容易引起怀疑。事实上魔术师会表现得更加不易让人察觉，让人难以记住规则。这种娱乐方式曾经非常流行，表演者开发出了越来越复杂的口头暗号，某种模式就隐藏在所说的话中，当台上那个人破解了暗号时，便会达到常理中"不可能"的效果。

⊙ 你也来读心

你可以自己来表演"读心术"，体验一下隐藏模式的力量。这个版本跟传统魔术表演不一样，不需要太多记忆工作。你需要一个配合默契的搭档（参与这场表演的好伙伴）和一个坐满观众的房间。这个表演需要花点时间来披上魔幻和神秘色彩。首先，作为团队成员之一的魔术师离开房间；然后，观众在房间中秘密选择一件物品，魔术师返回房间后必须说出这件物品是什么。

搭档在观众挑选物品时仍待在房间里，其职责是"确保所有人按规则办事且没有人改变其想法"。一旦魔术师回到房间，搭档会以看似随机的方式在房间四处走动，并指向各种物品，每次都提出一个相同的问题："这是那件被选中的物品吗？"每一次提问，魔术师都能正确答出"是"或"不是"。

要达到这一效果，无须记住一系列口头暗号，只需利用一个基于模式匹配的简单预测算法。首先，提前选好某件物品，比如台灯——无论你选的是什么，我们都将其称为x，如果搭档指向这件物品，之后指向的我们称为y的物品就是被观众选中的物品。这个成功的秘密可写成图60所示的共享算法。当然，请记住你们需要提前就x代表什么物品达成一致。

如果你被要求再猜一次，这个模式可能就会变得太明显。不过，只要运用计算思维将这一算法延伸开来，你就可以轻易蒙混过关。每次表演这一把戏时，搭档要在指向被选中物品前指向一个不一样的物品，例如先是台灯，然后是地毯，接着是开关——每次x都会变化。这样一来，你和你的助手研究出来的暗号可能就会像图61所示的那样。

　　1.　搭档随机指向一系列物品

　　2.　搭档指向物品x

　　3.　搭档指向观众选中的物品y

　　4.　魔术师回答"被选中的是y"，赢得掌声

图60　读心算法

1.　搭档随机指向一系列物品

2.　如果（尝试序号为1）

那么

　　1.　搭档指向台灯

　　2.　搭档指向被选中的物品y

　　3.　魔术师回答"被选中的是y"，赢得掌声

否则，如果（尝试序号为2）

　　1.　搭档指向地毯

　　2.　搭档指向被选中的物品y

　　3.　魔术师回答"被选中的是y"，赢得掌声

否则，如果（尝试序号为3）

　　1.　搭档指向门边的开关

　　2.　搭档指向被选中的物品y

　　3.　魔术师回答"被选中的是y"，赢得掌声

默认表述

　　魔术师说

　　"我的通灵神力用完了。对不起！我无法继续猜下去了"

图61·延伸版读心算法

　　请一定记好，在魔术开始之前，你要确保房间里确实有台灯、地毯和开关。然后，当你试图猜出第一件物品时，搭档应指向台灯（尝试序号为

1），第二件物品对应地毯（尝试序号为2），第三件物品对应开关（尝试序号为3）。此外，还需要一个万能的默认的笼统表述，因为你可能会被要求寻找第四件甚至第五件、第六件物品。你知道的，有些人就是永远不满意！或许你并没有准备好被要求寻找更多的物品，但优秀的计算思维会告诉你，应该考虑所有可能性。因此，你要准备好一个理由，以防在你做完准备好的几轮戏法后观众要求你继续猜，比如"我的通灵神力用完了。对不起！我无法继续猜下去了"。

⊙　如果模式不匹配，你要实行什么计划？

上述模式匹配算法在大多数情况下足以让你表演魔术来娱乐观众，但偶尔也会出问题。我们的思维逻辑需要完美，需要考虑每个细节。比如，我们可能认为自己已经考虑了所有可能性，但如果第二个被观众选中的物品就是那个房间里的地毯——也就是你的秘密提示呢？这就是该模式匹配算法存在的问题，这种未预料到的事情在我们的算法计划之外。因为我们的算法规定，在这种情况下搭档必须先指向地毯，然后再一次指向地毯！这样的表演没啥"魔力"可言，对不？

当然，作为经验老到的人，表演魔术时你应当快速反应，利用幽默蒙混过去，两次指向地毯，然后开个玩笑。而如果是你编程的一个机器人魔术师来变戏法，它会完全按照算法行动，那样看起来会非常愚蠢。但如果你在那之前就意识到可能会出现此类问题并在算法中增加了恰当的开玩笑代码，它就会跟人类魔术师一样，开个玩笑把魔术圆过去。

没关系，就算机器人魔术师搞砸了表演也没什么大不了，但如果此类问题出现在触发飞机着陆装置安全部署的模式匹配算法中，那就非同小可了。确保考虑所有可能性并植入模式匹配要比你想象的困难得多，但程序员必须做到这一点才能使软件正常运行。

我们需要确保为医院软件系统、核反应堆控制系统或下一代自动驾驶汽车系统等与安全密切相关的系统找出大量模式，并做出正确应对。仅找出几个可能的案例不足以覆盖全部，因此计算机科学家通过利用逻辑和分析思维并建立数学方式来了解这些系统，我们在第四章谈到的破解谜题所使用的理念就是其中一个案例。数学是我们了解系统模式的强大工具，计算机科学家编写了大量基于数学进行逻辑思维的程序。要知道，计算机比我们更擅于探索所有可能性，不会有所遗漏。计算机正在为我们做更多的计算思维工作。

质魔术

⊙ 数学魔法的质模式

现在，让我们来研究一个不同类型的模式匹配——魔术戏法，我们知道它会永远奏效，因为其模式背后的数学确保它总能奏效。数学本身就是发现和了解事物的模式，然后将模式转化为被数学家称为定理的一般事实。归纳这一计算思维理念又出现了（计算思维的基础来自方方面面）。数学和魔术相处融洽，因为一旦数学家和计算机科学家发现某种模式，魔术师就可以从中创造出魔术。

请三位朋友每人在计算器（或手机中的计算器）中随机输入一个数字。告诉他们，你能预测出几个数字，它们正好可以被他们随机输入的数字整除。他们可以选择输入任意三位数，这是他们自己的选择，不过他们不能让你看到。

假装从每个人那里得到了感应，说他们输入的三位数实在太简单了，为了增加难度，应该换更大的数字。因此，为了降低他们的难度并增加你预测的难度，请他们接着再输入相同的三位数，得到一个六位数。例如，如果他们开始输入了345，那么他们得到的新数字就是345 345。

你集中所有的通灵神力，立即告诉他们每个人一个能正好被他们输入的六位数整除的数字；你自信地表示，虽然你不可能知道随机输入的数字，但第一位朋友的数字可以正好被7整除，第二位朋友的数字可以正好被11整除，第三位朋友的数字可以正好被13整除，不会有余数。你的朋友们各自在计算器上做除法进行确认，证明你是正确的——正如你所料，刚好整除，没有余数。

在戏法的最后，你说你可以从你朋友最初给出的数字中选出几个"随机"数字，立即计算出一个可被你已经给出的三个数字整除的六位数。告诉他们这个六位数，然后计算器会证明"你在脑中算出的"这一数字是正确的。

⊙ 用魔术随机生成模式，确实如此吗？

这一戏法的秘密在于，你给出的三个数字总是7、11和13，而戏法的其他部分可以自动运行：它是一个算法。

此戏法依赖于一个数学事实，即输入任何三位数后再次输入相同的三位数，在数学上这个六位数完全等于初始三位数与1 001的乘积。为什么？如果你将一个数字乘以1 000，那么你只需要在该数字后面加上三个0。用计算机科学术语来说，你将其转移了三个位置。而将其乘以1 001，就等于乘以1 000后又加上了该数字，最后做的加法正是用初始数字替代了乘以1 000后多出来的三个0。

例如，345 345 = 345×1 001（即345 000 + 345）。你在预测中给出的数字是7、11和13，而7×11×13 = 1 001。这意味着，当你以这种方式将任意数字（如345）输入两遍时，你就是在将它与这三个数字相乘。345 345 = 345×1 001只不过是345 345 = 345×7×11×13的另一种计算方式。

这意味着，7、11和13这三个数字中任何一个都可以被这个六位数除尽，其实就是将这个数字从我们列出来的算式中拿掉而已。

这一数学事实能让这一戏法万无一失，只要你用7、11和13，它们就一定能够正好整除你的三位朋友输入两遍的任何数。这一戏法的最后阶段是证明你"神奇的"数学能力，其实你仅需给出一个任意三位数的重复数字，如765 765——鉴于相同的数学原理，这个数字当然能被7、11和13整除，毫无疑问。我们可以看到，数学使戏法奏效，而你的呈现方式则令其充满"魔力"。

从一个偶然发现的数学模式中整理出一个归纳法则（数学定理）——这个法则可以用在算法里。当前，我们将其用于魔术当中，而在其他情况下则可以用作程序或硬件设计的基础。例如，进行快速乘法运算的硬件单元通常基于类似的定理以类似的技巧实现。你只需将存储为二进制的数字左移一位，也就是在末尾加0，即可将其快速乘以2，不需要真的进行乘法运算。

⊙ 质因数

7、11和13是质数。也就是说，除了1及其本身，它们无法被任何其他数字整除。你不妨确认一下：它们均无法被2整除，也无法被3整除，无法被4整除，等等。这三个数字被称作1 001的质因数。一个正整数的质因数是能够整除该正整数的质数。

希腊数学家欧几里得（Euclid）研究出了一个有趣的普遍事实：每个大于1且本身不是质数的整数都可以通过质数相乘得到。此外，每个整数均只有一组质数集，且其乘积唯一。这一事实被称为算术基本定理。

将这一定理运用到数字1 001上，我们发现使这一戏法得以奏效的某些质数确实存在，且它们是唯一能使其奏效的数字——这几个数字便是7、11和13。

⊙ 测试数学中的模式

通过了解作为基础的数学知识，我们可以知道如果事情发生变化，将会发生什么。例如，这个戏法对单（一）位数是否奏效：如果初始数字是3，重复后为33，这个戏法是否奏效？答案是否定的。将单位数重复，我们必须乘以11而非1 001。数字33除以11后得3。目前看来还奏效，但11是质数，这意味着只有1和11能将其整除，我们再得不出更多的质因数了。而只对11和1奏效，这也太明显了，称不上是魔术。

那么，这个戏法对两位数重复之后的四位数奏效吗，如3 434？答案仍然是否定的，因为3 434等于34乘以101，而101本身是一个质数。了解了数学，我们就可以预测能够奏效的模式，且能够对这些模式进行检验。

让这一戏法万无一失的方式是让你的朋友快速念出他们的数字，然后你立即给出一个能将其整除的数字。如果他们说错，比如说成123 124，你可以立即纠正他们说错的4，然后仍迅速给出一个能将其整除的数字。现在，模式匹配已经成为算法检验的一部分。你知道预期是什么，然后检查是否存在这一预期。

某些与安全密切相关的系统软件做的事情与之类似。程序员将断言包含在代码中：预期当程序运行到某个节点时，他们预期的事情为真；如在预料之外，该断言为假，则会运行特殊代码来解决这一问题。输入正确数字往往很重要，如果人们输入无效数字，软件不能直接忽略它，而要能够指出问题并让人加以改正（这与我们的戏法不同），这一点非常重要。有助于避免"灾难"的可靠软件有众多编写方法，以上仅是其中几个示例。

⊙ 气味中的模式：有味道的纸牌戏法

还有个戏法，它貌似不可能却挺有趣——它需要你找出一个已知数学模式的例外情况，同时不能让你的观众发现这一模式。它需要运用你"根据选牌人的气味找牌"的能力。很显然，你在呈现这一戏法时需要保持敏锐。

　　首先，让你的观众来洗牌，这会将他们的味道留在纸牌上。而后你收回纸牌，表示初次洗牌后，某些牌染上了较多体香，而某些染上较少。你翻遍所有纸牌，并一张一张快速地闻它们的味道，然后将它们分为大约相等的两摞。其中一摞是那些气味浓烈的牌，这些牌在洗牌过程中肯定与手有过更多接触；另一摞牌则是没有气味的牌，它们在洗牌过程中肯定较少接触到手。

　　让观众从气味浓烈的那摞牌中随机选择一张并记住牌面，不告诉你牌面是什么，然后请他们将其插到没有气味的那摞牌中。你将这摞牌再洗一遍，然后继续闻每张牌的味道。单单通过闻味道，你就可以正确找出观众隐藏在没有气味的那摞牌中的随机的"气味牌"。

⊙　无气味的秘密算法

　　这一戏法的秘诀在于设置一个不太显眼的模式（有气味的牌和无气味的牌之间的差异），并能够发现这一模式的例外情况。秘密模式就是质数，你可以将所有质数牌放在一摞，非质数牌放在另一摞。我们将A牌算作1，J牌算作11，Q牌算作12，K牌算作13。这样一来，将2、3、5、7、J牌和K牌这些质数牌分到一摞，而所有其他非质数牌则被分到另一摞。根据定义，1不是质数，所有A牌被分到非质数牌的那一摞。当然，这与气味完全没有任何关系，而是利用纸牌的数值作为将其区分开来的模式，利用你的"看得出"和别人的"看不出"制造差异。

　　戏法的其余部分仅需你自信地进行表演，并利用些许简单的模式匹配来寻找例外情况。假设有气味的那一摞牌是非质数牌，那么你就要在重新洗过的无气味牌中寻找一张非质数牌。对你来说，它会像干草垛里一根闪亮的针那样显眼，但对你的观众来说它就是干草垛而已。

当然，你也可以用其他模式来定义两摞牌之间的差异，比如红牌为一摞，黑牌为一摞，或人头牌为一摞，点数牌为一摞，但这会太过明显。一旦这些模式对观众来说太过明显了，就不会产生魔术效果。

真正看见这个世界

⊙ 寻找边界以让计算机"看得见"

现在，我们开始研究更复杂的东西：让计算机"看得见"。能够连上照相机是不够的，计算机需要能够识别场景中的事物，即发现模式；然后找出它们与什么物品匹配，即找出它"看见"的是什么。只有达到这种程度，我们才真正可以说它"看得见"。

在图片中寻找模式是我们的大脑一直以来都在做的事情。进入我们眼睛的光线被眼球后面的视网膜转换成信号并传递到大脑，这一信息在大脑中得到处理，以便寻找有趣的模式、形状，并最终匹配上物品。我们仍然在不断研究人类视觉的运作方式，给予计算机或机器人"看得见"的能力是一项至关重要且困难重重的技术挑战。这意味着，我们需要研究出算法，教计算机如何发现视觉场景中的模式。人类大脑让人类能够识别物品时做的一项基本工作是寻找图像的边界，它会找出线条在哪里。正如我们在矢量图中看到的那样，线条首先是构成形状，然后才是构成物品。那么，计算机如何才能"看得见"线条呢？

首先，让我们研究一张非常非常无聊的图片，如图62（a）所示。跟计算机从照相机处获得的所有图片一样，这张图也是数字图片，由像素构成。一张图片通常会由成千上万个像素构成。当然，真实的世界并不是由像素构成的！这只是一种图像表现形式而已。在图像中，每个像素都有自己的位置，有自己特定的颜色或亮度值。这张无聊的图片有32个像素和2

种灰色，即浅灰色和深灰色。但当你仔细看这张图片时，你会发现有意思的事情：图片上浅灰色和深灰色之间有一条垂直的过渡边，但这条边实际上并不是由像素构成的一条线，而只是像素产生差异的分界线。我们能看出这条边，是因为我们的大脑做了大量的信息处理工作。

如果我们要编写代码让计算机也能发现这条边，那我们就需要一个良好的表现方式。通过用不同的数值表示浅灰色和深灰色，我们可以轻松地将这张图片表示为一组数字。如此一来，我们便可以轻松地借助数学的力量来处理算法。我们决定，用数字3表示浅灰色，用数字4表示深灰色——这两个数字是打印图中像素输出所需的大概墨水量。仅用数字表示的图片如图62（b）所示。

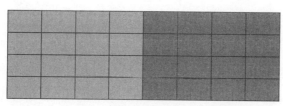

（a）一张让计算机试图"看得见"的图片

3	3	3	3	4	4	4	4
3	3	3	3	4	4	4	4
3	3	3	3	4	4	4	4
3	3	3	3	4	4	4	4

（b）用数字表示的同一图片

图62　一张图片及其表现方式

过渡边仍在原地，只是现在对我们人类来说更难发现。它现在以数字的方式存在，相较于图片模式，人类天生就不太擅于处理数字模式。但我们会发现，这种表现方式对机器来说更容易处理。

现在，让我们研究图63中那种更小、更无聊的模式吧。这一新模式只有三个像素值，但平心而论，它包含的那个负值可能会令它更有趣。那么，这一模式怎样才能帮助计算机获得些许"看得见"的能力呢？计算机科学家将这种较小的模式称为数字滤波器。与一般的过滤器一样，比如制作过滤咖啡，它只让某些东西通过。在这里，它过滤的是数字而非咖啡。

要让数字滤波器奏效，需要输入一系列底层数字，每个要素会根据其基本模式进行自我相乘。然后，滤波器将每个要素得出的结果相加，得出滤波器的最终输出结果。

−1	0	1

图63　一种数字滤波器模式

让我们看个示例。假设表现图像的数字的底层输入模式为3，3，3，4，4，4。我们可以在图64（a）中看出前三个输入的数字是如何奏效的。将相应数字与滤波器相乘，滤波器分别得到−3、0和3，然后将结果相加，得到0。这就是滤波器输出的新数值。然后，滤波器就像在传动带上一样移动至下一个要素。它基于新的输入数字，计算出下一个滤波器输出，得出图64（b）所示的结果。接下来，请继续移动！滤波器继续向右移动，根据新输入数值计算出下一个滤波器输出，得出图65（a）所示的结果。继续向右移动，我们"勤劳"的滤波器终于抵达终点，并得出图65（b）所示的最后一个输出。

输入	3	3	3	4	4	4
滤波器	−1	0	1			
相乘	$3 \times (-1) = -3$	$3 \times 0 = 0$	$3 \times 1 = 3$			
相加		$-3 + 0 + 3 = 0$				
滤波器输出		0				

（a）将数字滤波器运用到第一个位置

输入	3	3	3	4	4	4
滤波器		-1	0	1		
相乘		3×(-1) = -3	3×0 = 0	4×1 = 4		
相加			-3 + 0 + 4 = 1			
滤波器输出		0	1			

（b）将数字滤波器运用到第二个位置

图64　将数字滤波器运用到3，3，3，4，4，4表现的图像（第1部分）

输入	3	3	3	4	4	4
滤波器			-1	0	1	
相乘			3×（-1）= -3	4×0 = 0	4×1 = 4	
相加				-3 + 0 + 4 = 1		
滤波器输出		0	1	1		

（a）将数字滤波器运用到第三个位置

输入	3	3	3	4	4	4
滤波器				-1	0	1
相乘				4×（-1）= -4	4×0 = 0	4×1 = 4
相加				-4 + 0 + 4 = 0		
滤波器输出		0	1	1	0	

（b）将数字滤波器运用到最后一个位置

图65　将数字滤波器运用到3，3，3，4，4，4表现的图像（第2部分）

⊙　图片模式究竟是什么?

做完了一堆数学运算，我们接下来要做什么？先忽略那些运算，看看我们手头上有什么，如图66所示。

在输出模式中，滤波器已经生成了若干数字，高数值只发生在那些输入值存在变化的位置。当然，滤波器输出的比输入图像小了一点，因为有两个最终数值为空，但这已经够用了。现在，将这些输入值看作像素值，而非数字。它们就构成了一张图片。

3	3	3	4	4	4
	0	1	1	0	

图66　运用数字滤波器得到的总体结果

现在思考一下，如果将这个滤波器运用于图62所示的图像，一整行数字会发生什么，然后移动至下一行，接着再下一行，直到你过滤了整张输入图像为止。你将得到一张新的图像，如图67所示，图像略微变小了。这是一张属性很特别的新图片，曾经位于垂直边缘两侧的所有区域都被突出显示，边缘变成了线条。现在，我们那张无聊的图像中间真有一条线了。只需进行少许数学运算，就从初始图像模式中提取了一个更加有用的模式——边缘变成了线条，计算机现在能"看得见"了。

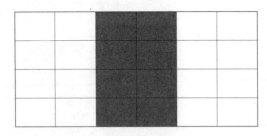

图67　将数字滤波器运用于图62所示的初始图像得出的结果

假设数字0代表白色，数字1代表黑色

计算机科学家已经发明了大量不同的数字滤波器，每种数字滤波器都可以在图像中发现不同的东西。所有数字滤波器的基础数学流程都是相同的，就跟我们刚刚运行的数字数字滤波器一模一样，变复杂的只有数字滤波器本身。每种数字滤波器都有自己的模式，使用数字滤波器的模式来寻找图像中的模式是计算机视觉的根本。它还模仿了人类对于自己的视觉方式的了解，即大脑细胞似乎对边缘之类的光强度变化的特定模式很敏感。

⊙ 其他也在变化的事情

重要模式随时间流逝仍会存在，因为我们尝试建立可跟随人的面部表情或物品位置变化而变化的软件。对计算机来说，视频不过是一组巨大的数字而已，是一段时间内拍下的一组照片；我们看每张图片的时候，图片本身也不过是一大堆数字——我们需要将所有这些数字过滤一遍，才能找到有趣的东西。为此，我们需要创建不仅可以在空间层面奏效，还可以随时间推移奏效的数字滤波器。这种所谓的时域数字滤波器寻找的是，在视频图像随着影像变化时，特定位置像素值之间的相似之处或差异。再好好想想刚刚的数字滤波器示例（-1，0，1），它奏效的原因在于它是我们想要寻找的东西的一个小小的抽象，它具有边缘的简单特征：从低处开始，然后逐渐增高。

我们想要及时追随更复杂的模式，但有时却不知道这个模式到底是什么，因此便难以创造一个能找到它的初始数字滤波器。为解决这一问题，我们通常使用算法来学习我们想要找到的模式。这往往需要借助成百上千个我们想要找到的模式的示例来创造更加复杂的数字滤波器。例如，我们可以借助成百上千个关于人们正常上下地铁行为的视频，从中提取可能性最大的模式。如果我们在真实的站台场景运行这些学习过正常行为的数字滤波器，它们可以自动向我们发出可疑行为警告。可疑行为即我们未预料到的行为模式，比如某个人在站台边缘等了很久，或有个没人领取的包裹，这些都是我们已知行为模式的例外。

时间变化模式在音乐中同样重要。毕竟音乐是音符以愉悦的方式基于有趣的模式随时间变化的。数字滤波器可用来帮助去掉音乐录制中那些不和谐的部分，比如臭名昭著的自动调谐软件可以将歌声颤颤巍巍的流行歌手变成声音"完美"的歌唱家——该软件匹配歌手声音的模式以及"完美"声音的模式，通过调整歌手的声音信号来达到预期效果。还有一个例子便是使用声纹来工作的音乐识别服务。声纹是从一段音乐中提取出来的频率、节奏等声音要素的模式，它们能给出一组独特的数值，即音乐的指纹，可与由已被标记的音乐组成的大型数据库中的数值匹配，从而正确识别未知音乐。

算法也能学习药物和遗传基因模式。知道了我们的基因模式，我们便可以预测自己将来可能会患上的疾病；了解我们的独特基因模式会如何影响我们与特定药物的相互作用后，我们或许就可以进行个性化治疗。计算机科学和模式发现的这些应用为医学创造了新的可能性：既可以用来发现新疗法，又可以使我们变得更健康。比如，未来你在进入医院时会被采集基因序列，以便你在到达病房前就得到专门为你设计的药物，从而最大限度地避免你受到药物副作用的影响——这一畅想真的可能成为现实，且完全归功于计算机本身使用的计算思维。

⊙ 模式、预测、患者，还有监狱

我们在上文提到的这类应用非常有用，但正如我们在第八章提到的，计算机科学家在创造软件的时候，还需要意识到他们创建的算法、发明的数学方法会赋予机器一些可能被滥用的能力。研究对与错的伦理学在人类哲学和法律史上具有重要的地位。我们能否设计一种数字滤波器，它可以根据收集的数据模式来预测一个人是否即将犯罪？如果数字滤波器设计成功，可以在这个人实施犯罪前就将其逮捕吗？鉴于数学和计算机技术近年来不断被用于检测假定的犯罪行为，诉讼案件中陪审团是否能够理解这些技术的优缺点？如果你的基因模式可以告诉你，你可能会在年老时患上某种癌症，你想提前知道吗？如果保险公司知道了这一点，可以向你索要更多的寿险费用吗？假设你在童年时接受了基因检测，结果表明你将来会变成一个暴力犯罪分子，那该怎么办？这些问题不容忽视。回答这些问题并不容易，但计算机科学家必须发挥其社会作用，帮助其他人了解他们在做的事情以及他们如何做到，否则对外行人来说，他们所做的无异于变魔术——魔术是一种很好的娱乐消遣方式，但绝非决定我们社会如何演进的正确方式。

第十一章

穿透医学奇迹

现代医疗对计算机技术及其背后巧妙的计算思维依赖度很高。首先，我们需要数学家和科学家给出基本原理；然后，计算机科学家和电子工程师才能创建算法、制造电子器件，将数学和科学转变为拯救生命的技术。让我们来玩一个游戏，看看该如何实现上述过程。

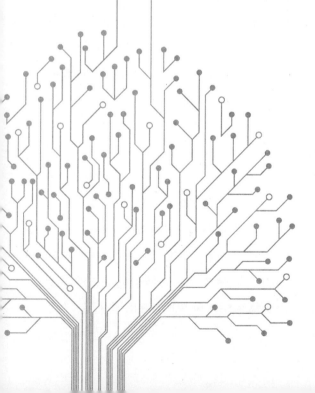

生命切片

⊙ 战舰、披头士和身体部位

在上一章中，我们认为模式匹配可能是医学的未来。在本章中，我们要研究计算机和计算思维在拯救生命方面的现有手段。你下次去医院的时候，无论是看望患者还是自己看病，可以好好观察一下四周。你能看到医院里充满着计算思维的成果。医院所有科室工作的开展都依赖于计算机处理患者数据。CAT扫描、超声波、心脏植入……如此多的现代医疗手段之所以能够成为现实，都是因为算法、传感器和计算机设备的存在。但必须有人写出所有代码，这些设备才能运作。

你是否曾想过医生是如何穿透人体拍摄切片图的？以横截面方式观察人体不同部位对病症诊断很有帮助，但不能为了诊断病症就将人切开，这便需要利用技术手段来观察人体内部情况。接下来我们要讲的是一项重要的曾获得诺贝尔奖的医学突破，它之所以能够成为医学现实，要归功于某些机智的数学再发现成果和计算机，还有一支20世纪60年代的摇滚乐队！

⊙ 我和我的X射线阴影

X射线图像其实就是X射线（而非可见光）照射在物体上而摄下的照片。因为X射线能穿透软组织，却不能穿透骨骼和器官等密度较高的组织，不同组织对X射线的吸收程度不同，所以我们可以用它拍摄身体内部的照片。通常来说，进行X射线拍摄时，你需要站在影像板前面，然后X射线会穿透你的身体，将你的部分身体组织映照在后面的影像板上。人体骨骼含有大量钙，其密度比周围的皮肤和肌肉组织要大，因而会吸收更多的X射线。这样一来，骨骼阴影会被投射在影像板上。X射线虽然很有用，但问题是，你只知道多少骨骼挡住了X射线，却不知道骨骼在X射线"旅程"中的位置。因为阴影是扁平的，而你的身体是立体的。

⊙ 数字阴影

数字X射线本质上做的事情也是如此。它拍摄时用的是一系列数字传感器而非（化学）影像板。即使是数字X射线设备，也只能拍出身体内脏的平面照片。如同普通的阴影一样，它会压扁所有深度细节。因为身体的内部构造是三维的，所以如果能够穿透你的身体并获得正确的三维视图，绝对会对医疗大有裨益。现在，我们已经可以使用基于计算机的断层扫描（tomography）来实现这一目标，tomography这一单词来自希腊语tomos（切片）和graphia（描述）。在断层扫描中，我们仍然使用X射线，使用X射线源和检测器围绕身体做旋转运动，从不同角度拍摄大量图像，就好像太阳围绕着你转动时会投下不同的阴影一样。想象你要对一个圆柱体进行断层扫描，用手电筒代替X射线源。围绕着这个圆柱体移动手电筒，同时也移动位于手电筒对面的纸张，查看圆柱体在纸上留下的阴影。你会发现每张阴影图像看起来都是一样的，这是因为圆柱体是圆对称的。然后再扫描一个形状更有趣的物体，比如茶壶，我们得到的每张阴影图像都将是不同的，这反映了你所处位置对应的茶壶形状。有了这些不同位置的阴影图像，借助数学、重建算法，还有计算机进行三维还原，你就能得到茶壶的三维形状。

跟还原茶壶阴影一样，在断层扫描中，人体的器官和内脏也可以完全以三维模式呈现。如今，有些系统可以使X射线源围绕人体旋转，甚至可以用非常快的速度进行断层扫描，得到正在搏动的心脏的切片图形，从而进行计算。这一技术的数学理论基础为雷登变换，它是由于1956年去世的捷克斯洛伐克数学家约翰·雷登（Johann Radon）提出的一种纯粹的抽象数学理论。在当时，没人知道如何使用这一理论！

一起玩战舰游戏吧

⊙ 纸笔游戏

你可能会很好奇，该如何将平面图像转换成人体的三维视图。不过，现在让我们先稍作休息，玩一个战舰游戏吧。这是一个基于网格的简单的纸笔游戏，它使用一张方形网格纸，标明各行各列，由你和你的朋友（对手）来决定在网格的什么位置部署"舰队"。舰队由许多不同类型的船舰组成，比如战舰需要占据横向或竖向的四个方格，巡洋舰（一种较小的船舰）占据两个方格，驱逐舰只占据一个方格。在游戏正式开始之前，你要决定你的舰队中每种船舰的数量，并将其秘密部署在方格中。游戏规则是，你们轮流向对手的网格"开火"。例如，对手选择击中方格B9（方格B9位于B行第9列），如果在这一位置上部署着你的船舰，那么对手就击中你了。你必须承认被击中并说出被击中的船舰的类型，然后让你的对手继续"开火"。玩家可以通过这一方式尝试发现对手战舰（需要占据四个方格）的部署方式是横向还是竖向。最后，第一个击沉对手所有船舰的玩家获胜。当然，那些占据单个方格的驱逐舰是最难被击沉的，因为你需要正好击中其所在的唯一方格。

⊙ 池塘战

现在，让我们假想一下图68（a）所示的规模很小的战舰游戏。"战争"的场地不是海洋，而是池塘。在方格B2处有一艘驱逐舰（在一片数字

0中用1表示）。你可能很幸运，第一下就击中了B2；又或者运气不好，花了很长时间才能找到并击沉它。那么，你是否还有别的办法能找到这个1的位置呢？

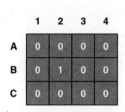

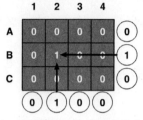

（a）只有一艘驱逐舰的池塘战网格　　（b）利用池塘战线索来确定驱逐舰的位置

图68　池塘战

⊙　我看不到船舰，所以给我点提示吧

答案是肯定的，但前提是你能设法让对手给你些简单的线索，然后你才能设法找出1的位置。首先，让对手将每行的所有数字相加，并给出每行的得数。对于图68（a）所示的池塘，你将得到如下信息：A行得数为0（即0 + 0 + 0 + 0 = 0），B行得数为1（即0 + 1 + 0 + 0 = 1），C行得数为0——这是第一步。现在，你知道驱逐舰在B行，可惜不知道它在B行的什么位置。接下来，让对手计算每一列数字之和：第1列得数为0，第2列得数为1，第3列得数为0，第4列得数为0。好了，你现在知道驱逐舰在第2列。如图68（b）所示，我们已经在网格边缘将线索圈出。将这些信息组合起来，你就可以得出驱逐舰的位置为B2，"砰"的一下，把它击沉吧！

⊙　自动寻舰指南

现在，假设网格中部署了两艘驱逐舰。这一次，我们依然不告诉你它们的位置，让对手给出每行和每列数字的和。如图69（a）所示，你得知：A行的得数是2，B行是0，C行是0；第1列是1，第2列是0，第3列是1，第4列是0。那么，两艘驱逐舰在哪里？

以下是找到船舰位置的一种通用方法。首先，我们已知A行数字之和为2，那么，我们可以基于这一信息推测，A行肯定有船舰！虽然我们知道这一行数字的总和，但我们仍然不知道船舰具体在这一行的什么位置，只知道肯定在这一行。让我们继续计算出B行和C行数字之和，由于它们的得数都是0，因此无法给出进一步的信息。现在，我们得到的网格如图69（b）所示。

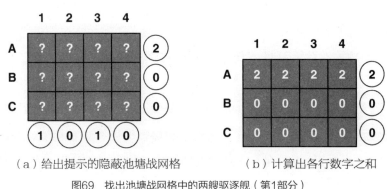

（a）给出提示的隐蔽池塘战网格　　　　　（b）计算出各行数字之和

图69　找出池塘战网格中的两艘驱逐舰（第1部分）

根据A行的得数，我们知道A行有船舰存在，但我们并不知道船舰具体在什么位置。现在，我们来研究一下各列的信息，并创造一个新网格。我们计算各列数字之和：第1列为1，第2列为0，第3列为1，第4列为0，现在我们得到的网格如图70（a）所示。

现在，我们知道第1列和第3列都有船舰，但不知道它们的具体位置。为找出船舰的具体位置，我们只需要将这两个网格与计算得出的信息相结合，得出如图70（b）所示的网格。

在这个合并网格中，A1 = 2 + 1 = 3，A2 = 2 + 0 = 2，A3 = 2 + 1 = 3，等等。研究这个合并网格以及各行各列数字之和，我们会发现A1和A3

都有峰值3，这两个峰值给出了船舰的位置。如此一来，我们便拥有了一个自动寻舰器，但更重要的是，我们拥有了一种在网格中寻找船舰实际位置的方法。

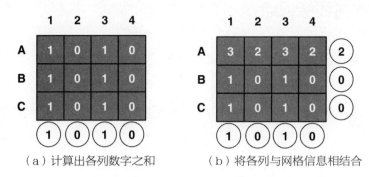

（a）计算出各列数字之和　　　　（b）将各列与网格信息相结合

图70　找出池塘战网格中的两艘驱逐舰（第2部分）

我们可以根据线索重建这个池塘，如图71所示。我们将各行各列的信息结合，根据得出的结果对池塘进行了重建。现在，让我们"起锚"回到X射线。你可能已经猜到，这其实就是我们一直努力的方向。

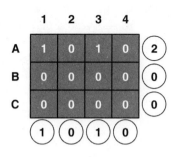

图71　重建后的池塘

回到X射线

⊙ X射线标记点

当X射线直接穿透你的身体时，它会被前进路线上的每一块骨骼吸收。因此，X射线影像板上某一处的阴影效果实际上类似于沿着X射线"旅程"（好比游戏网格上的一行）将所有"船舰"（骨头）相加。所以X射线实际上就好像一组数字，比如A行等于2，B行等于0，C行等于0。通过这个数据，我们可以知道抵达A行的射线需要穿透的骨骼（船舰）比抵达B和C行的射线多。但我们还想知道一块块骨骼之间是如何关联的，是联系紧密还是相隔很远。两种情况给出的吸收系数都是一样的。因此，如同我们上文提到的"寻舰器"那样，我们可以将X射线源环绕患者旋转，以便其从顶部而非侧面进入，再次拍摄另一张X射线影像。这一次，X射线影像显示第1列等于1，第2列等于0，第3列等于1，第4列等于0。

然后，我们可以利用这两张X射线影像进行求和（这被称为反投影，因为你要将数值返回到其起始位置），并将两张反投影图像合并。按照寻舰器找到网格中船舰位置时所采用的数学方法，你就能知道影像中的一块块骨骼在身体的什么位置。你无须通过两次扫描便能得到答案，你可以将X射线源围绕身体旋转，从不同角度拍摄薄切片图，然后反投影并将反投影图像合并，从而生成一张全身的高清薄切片图。

⊙ 披头士CAT

上节所述的方法被称为CAT，即计算机辅助断层扫描。CAT技术为我们带来的第一种具备商业可行性的EMI扫描仪，是由百代唱片公司在20世纪60年代开发的。这家公司之所以能够负担得起这项医疗研究的巨额研究费用，是因为它通过签约披头士乐队获利颇丰（披头士乐队可以说是迄今为止最成功的、影响力最大的流行乐/摇滚乐组合），而且这家公司想找到某种方式把赚到的巨额财富投资出去！反投影数学研究当时已经开展了很长时间。但是，在医疗应用和更为重要的计算机问世使数学计算的速度大大提高之前，CAT一直被忽视，其革命性用途也没有被发现。

EMI扫描仪的发明者是电机工程师高弗雷·豪斯费尔德爵士（Sir Godfrey Hounsfield），他因研究X射线断层成像及相关技术发明，与另一科学家共同获得了诺贝尔生理学或医学奖，之后受封为爵士。现在，断层扫描不仅已经成为例行的医疗手段，在考古学中还被用来查看埃及木乃伊的内部结构，在地球物理学中还被用于地球切片研究。这些再次展示了数学、计算机科学和工程学如何在正确的时间走到一起，并彻底改变了我们做事情的方式。

⊙ 磁铁与成像模式

虽然X射线断层扫描能让医生看到人体骨骼等吸收X射线的硬组织的三维图像，但是却无法详细地展示软组织结构。不幸的是，很多疾病往往潜伏在软组织中。这时候，我们需要的是磁场而非X射线。现在，我们已经进入磁共振成像（magnetic resonance imaging，MRI）和MRI扫描仪时代。它们可以创建人体软组织的三维图像，不过，它们也需要进行大量的计算工作。

MRI利用磁性质来建立人体图像。我们都知道，水分子由氧和氢构成，氢原子核中拥有单个质子。这个低调的质子用途很大，能起到微型磁铁的作用，其方向（南北极方向）取决于周围水中质子的变化。幸运的是，我们人体的软组织中含有大量的水和其他化学物质——这也是它"软"的原因。

为实现人体内部成像，首先在扫描仪内部要施加大而均匀的磁场。这一磁场能够使人体切面中的所有质子沿同一方向对齐。接下来，为了明确位置，从患者身体一侧到另一侧，施加的磁场应有差异，须在初始磁场的基础上施加一定磁场强度，令身体的每个位置的局部磁场都不一样。如果你用正确的射频击中质子，质子就会将其吸收，然后传回。质子做出这种反应的频率由局部磁场强度的大小决定，同时还取决于质子的密度以及软组织的量。

质子吸收并传输射频的反应称作共振。共振存在于各种不同的自然现象中。其中一个典型的示例是，装有不等量液体的酒杯以不同的频率振动时会产生各自不同的音调，它们共振的频率取决于杯中液体的多少。

⊙ 磁力切片

MRI系统将选定射频的预定序列发射到正在接受扫描的患者身体切面，然后测量每个频率共振的信号量。由于每个传回的频率会调谐到当前切面的一个局部频率，因此最终能显示出特定位置质子密度的图像，也就是软组织图像。

你还可以在这一基础系统上进一步延伸，利用不同的射频脉冲和梯度成像序列，不仅能计算出软组织的量，还能计算其类型，以及其所属化学环境的信息，从而生成由有用医疗数据构成的复杂扫描图。

举个例子，我们可以根据这些数据生成某人心脏的3D打印塑料模型。通过研究即将手术的患者的心脏模型，医生能够更好地了解这次手术的复杂性。

⊙ 看着一切都在动

MRI的一个更为有趣的应用是它能制作身体动态事件的影像。虽然当前制作这类影像所需的计算量很大，需要花费不少时间处理，但这些影像的用途也很大。例如，我们可以制作心脏在身体中跳动的影像，让临床医学家研究瓣膜的打开和关闭方式。

还有一个更令人激动的应用是功能成像，通过观察使用氧的位置和速率的扫描图差异，我们可以了解当人类在思考时大脑会如何活动。

富氧血液和缺氧血液的磁性不同。当人们运用部分大脑时，该部分消耗的氧气量会增加，因而我们就能够看到在执行某项任务时有哪些大脑部位会活跃起来。我们只需要一个控制任务，即一个不需要运用某部分大脑进行思考的任务，以及一个需要使用该部分大脑进行思考的任务。将得到的两个数字图像相减，剩下的区域就是在执行该项特定任务时使用氧气的区域，如此一来，我们就可以开始探索大脑工作的方式。

基础科学和数学使人体所有三维成像成为可能，但最终将所记录的数据转变为有用图像的是算法和计算思维。

更多测量

⊙　温度与健康

借助计算机技术，我们还可以用其他方式来测量我们身体的各项数据。人体喜欢在适宜的温度下工作，在这一温度下，各种化学反应和人体蛋白质均能达到最佳状态，而且我们需要它们很好地发挥作用以保持身体健康。能够轻松检测温度、脉搏和血液含氧量等重要数值的变化，这一点非常重要。例如，如果你的血液含氧量不饱和，你可能会在15分钟之内死亡。不幸的是，过去测试血氧饱和度的速度一直很慢，甚至还需要采集血液样本在实验室测试。如果你的生命只剩15分钟，这可绝对不是个好消息。现在，我们可以在数秒内算出这类数值，这要归功于电子工程学与算法思维的结合——我们还会对此加以讨论。

⊙ 头侧之洞

　　人的体温可以通过内耳的温度来测量。内耳是头部通往耳膜的一个小洞（很有用哦），是测量体温的良好标的，可以将小型探针插入这个洞。当体温计中的一个热电晶体暴露于来自耳膜的红外辐射（这只是"温度"的一种冗长叫法而已）时，它会产生与红外线有关的电荷，其余的传感器模块则会使用算法将这种电荷转变为体温计上的读数。

⊙ 深呼吸

　　还有一种感应器，只要置于指尖，就可以测量出脉搏和血氧量。这种设备能发射红外光照亮手指，通过指尖吸收红外光的数值测量出血液含氧量。血液含有一种叫作血红蛋白的蛋白质，它使血液呈现出红色，但更重要的是它可以携带氧气，通过血液循环将氧气运送到全身各处。携带氧气的血红蛋白与没有携带氧气的"不饱和"血红蛋白吸收红外线的方式不同。不过，仪器要起作用，关键还在于另一个仅发射红光的光源。红光更容易穿透富氧血液，如果血液中没有氧气，红光就会被血液吸收，而红外光则恰恰相反。将红光和红外光结合起来使用，我们就可以准确测量血液的氧气含量。红光660纳米，红外光940纳米——这两个波长会在开–关序列中不断循环，收集到的数据则可以通过装置上的数字查找表（之前提过，是一种可以使工作方便快捷的表示方式）转换为代表血液浓度的数值。我们还可以利用脉冲传感器来估计脉搏并在特定装置上呈现结果。这种传感器发明于20世纪70年代，在20世纪80年代首次投入市场，价值数亿美元。

⊙　技术需要团队合作

待在医院的时候，你会被高科技计算思维带来的医疗升级成果包围。医疗信息数据库记录着你的治疗史、扫描结果，还有出院函。微控制可穿戴设备利用精确控制的真空来帮助伤口治愈。植入型智能起搏器将患者每天的心跳数据传给医生，并监测是否有异常心跳。当心跳发生异常时，设备会自动激活，以防止严重的心脏病发作。所有这些技术都需要程序来开展工作，需要一整套计算思维来创建程序，单单靠算法是不够的。在电子工程师制作传感器和其他装置之前，我们还需要生物化学家和物理学家研究清楚人体属性以及质子、X射线和磁场等物质基础的属性，也需要数学家设计有算法依据的可靠数学运算。

此外，我们开发技术时还要注意另一极为重要的层面，即这些发明必须便于医生和护士使用。对于他们来说，这些设备是开展工作的工具，非常关键。医院是充满压力的繁忙场所，做技术开发时必须考虑这一点。这意味着我们在开发可用的技术时，还需要心理专家和人因工程专家的参与。

为了带来真正的改善，为了能够有所建树、拯救生命，计算思维者们需要与许多其他领域的专家通力合作——这是真正的团队合作。

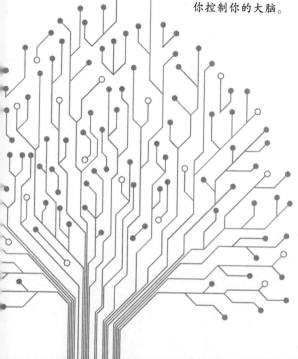

第十二章

计算机 vs 人脑

计算机精确地执行程序，完全按照指令行事。我们的大脑也像计算机一样工作吗？我们的想法是合乎逻辑的吗？我们能像计算机一样准确地执行计划吗？事实证明，人类大脑受到严重限制，会导致一些非常古怪的事情发生，而理解这些古怪之处有助于我们获得更高超的技术。不过，有一件事是确定无疑的：是你的大脑控制你，而非你控制你的大脑。

像计算机一样思考？

⊙ 像计算机一样的人类

人脑和计算机有许多相似之处。我们的思维能力、智力、自我意识，都来自大脑的大量计算。人脑通过其复杂的神经元网络加工来自感官的各种信息，然后决定如何处理这些信息，并将其转化为我们对周围世界做出的行为。

科学家尚未完全了解我们的大脑是如何运作的，原因无外乎这是一个很难理解的挑战。毕竟，人类大脑中所包含的神经元数量，可能与奥运泳池中的水滴数量相当。那可是一个了不得的数量！

我们可以这么问自己：人类在日常生活中是否像计算机一样思考？我们的思维方式和计算机的计算方式一样吗？如果我们要构建生命体的计算模型，或者制造出和我们一样成功求生的机器人，首先需要更多地了解人体如何感知和理解世界。所以，首先要明白一个相关问题：人是否会自然而然地使用计算思维？

⊙ 日常计算思维

我们已经知道，大脑会自然地运用类似于生产规则的方式来进行模式匹配，就像计算机通常按照其编程来做的那样。人体能够对刺激做出自动反应，是在遵循我们的内在规则，仅此而已。举个例子：如果电话响了，我们会毫不犹豫地接电话；如果有人敲门，就会去开门。

同样，当我们观察人类计划任务的方式时，会发现人类采用了计算思维过程来做需要做的事情——抽象。我们经常使用忽略细节的方法来简化正在做的事情：每次遇到必须处理的复杂情况时，只提取那些我们认为重要的部分。想象一下，如果你要向亲朋好友描述你最喜欢的电视节目，你所要强调的东西大概会与你撰写一篇论文要呈现的有所不同。

我们在做计划时会使用分解、设定目标和子目标的方式。比如，把每周一次例行购物当成我们的目标，次要目标包括记得带一个包、到达购物地点、买到所需的全部东西、付款等。"买到所需的全部东西"这个目标又可以被分解成一个个子目标……当我们前往购物地点的时候，可能不会考虑商品在商店里的具体位置；在寻找鸡蛋的时候，不用担心早餐麦片在哪里。这是因为我们把问题分成了几个部分。

所以，我们并非因为受过训练才进行计算思维。至少在某些方面，我们会很自然地就这么想。而计算机科学训练则是根据精确的算法解决方案，严格执行命令。

⊙　计算机的计算思维

我们已经看到，越来越多的程序被编写出来，让机器也能运用计算思维，而不仅仅是计算。

在编写计算机程序时，"分解"能起到很大的作用。为了使程序更易于编写，程序员将指令分解为单独的步骤或过程，就像我们将目标细分为子目标一样。这意味着，当程序开始运行的时候，它们会按照与我们执行计划相似的方式，通过计划的不同阶段来实现预期的目标。它们根据生产规则使用模式匹配，机器学习系统能让它们"看到"更加复杂的模式。视觉程序使用过滤器来隐藏细节，从而进行某种形式的抽象。AI发展得越完善，就越能复制大脑的技能。至少在神经元水平上，我们已经看到思想归结为计算。所以，人的思考方式实际上跟计算机一样吗？

更加仔细地观察我们执行计划的方式，大脑和计算机之间的差异就开始显现。我们能自然地使用计算思维，这并不意味着我们如同计算机一样计算。那么，我们能像计算机一样天生就能完美地执行计划吗？当然不能。

⊙ 规划谜题

这是一个古老谜题的变体，你可以试一试。它将帮助我们思考人类如何制订和执行非正式计划。

一位农民和她的牧羊犬Mist住在某个村庄里，Mist到哪里都跟着主人。村庄坐落在湍急的河流边上，出入都必须横跨这条河。住在河边的一位发明家发明了一种装置，能让过河变得更容易。这个装置由一根绳子和滑轮组成，绳上挂着一把椅子（只够一人乘坐）。当地人达成共识，装置闲置时要把这把椅子放在发明家住的那一侧河畔。这样一来，他每天晚上就能很方便地把椅子收回去，毕竟他没有向任何人收取使用费。当农民到达河边时，她用绳子把椅子从远处拉过来，抱着Mist坐到座位上，然后把自己拉到河对面，最终抵达村庄。

有一天，农民买了一只母鸡和一袋玉米。在回家的路上，她意识到这样一个问题：因为过河时只能带一样东西过去，所以她得往返多次。但如果她把母鸡和玉米留在河边，母鸡就会吃掉玉米；同样，如果她把Mist和母鸡留在河边，狗叫会惊吓母鸡，母鸡可能就不下蛋了。因为Mist不吃玉米，所以把它跟玉米留在河边，可以相安无事。

写下农民必须采取的一系列步骤（当然，也就是算法），让农民、牧羊犬、母鸡、玉米均能安全过河，然后继续赶路。记住，狗和母鸡必须分开，母鸡和玉米也必须分开。

在你继续读下去之前，先试着给出解决方案。

⊙ 机器错误

人类会把必须完成的任务分成若干个子目标，但事实证明，跟计算机不一样，人类在完成这些子目标时往往不会对其进行整理——这是人类短期记忆有限的结果。如果我们现在有太多的事情要记住，那其中一些会被舍弃，我们会去记那些更重要的事情。什么对你的大脑来说最重要？与额外的整理任务相比，你试图实现的目标才是它优先考虑的事情。你很容易记住进小黑屋要开灯，这是因为你只有开灯才能看清楚，才能做你想要在房间里做的事情。但是，当你离开房间时却很容易忘记关灯，为什么？因为你已经实现了你的一个大目标，你的大脑已经转移到下一个大目标了：把你带出房间。

以上原理适用于我们的谜题么？许多人能够解决农民、狗、鸡和玉米安全过河的难题，却错过了最后一步：她没有把椅子送回另一端。在图72中，我们给出了一个正确的解决方案。

1. 农民带着母鸡过河（狗和玉米留下，没关系）。

2. 农民返回。

3. 农民带着狗过河。

4. 农民带着母鸡回来（否则狗会吓到母鸡）。

5. 农民带着玉米过河。

6. 农民返回（又留下了狗和玉米）。

7. 农民带着母鸡过河。

8. 农民把椅子送回对岸。

图72 农民、狗、鸡和玉米安全过河问题的解决方案

如果你忘记在计划中加入最后一步，就等于在算法中增添了所谓的"完成后错误"。你把注意力集中在目标上，却忘记了"完成清理工作"这个子目标。你在计划阶段可以做到，但在日常工作时会更容易忘记。人们不会在每次出现这种可能性的时候都犯这种错误，这取决于他们当时还需要考虑多少其他事情。

如果你的短期记忆充满了你需要记住的其他事情，那么你很有可能

忘记最后的整理任务。不同人的短期记忆容量不同，所以有些人会更频繁地犯这种错误；但如果有足够多的其他事情要考虑，每个人都会犯这种错误。

因此，我们至少在这方面不像计算机。计算机可以严格按照计划行事，而我们的大脑在没有帮助的情况下却很难做到。

⊙　机器帮手

上一节我们证明了人类会犯错，机器则可以帮助我们避免犯错。自动取款机就是一个很好的例子，它可以证明计算机的编程方式如何能够增加或减少我们犯这种错误的可能性。当自动取款机刚推出的时候，你先取钱，然后抽回你的银行卡（在一些国家仍然是这样做的）。结果很多人带着钱走了，却没有取走卡。为什么？因为他们的目标是取钱。一旦主要目标得以实现（取到了钱），他们就离开了，接着全神贯注于下一个目标。而他们之前完成的插入银行卡的子目标却被忘记了，同样被弃诸脑后的还有另一个由此而来的新子目标，即取回卡。

这种特定的"完成后错误"的解决方法其实很简单。程序员需要编写一个自动取款机程序，使得在你抽出卡（整理子目标）之前不会提供现金（你的目标），这种设计会迫使你在达成主要目标之前整理子目标。英国的自动取款机现在就是这样工作的。而且，这并非唯一的解决方案。举个例子，你在加油站可能会刷卡支付，这种情况下你的卡甚至从未离手。好的设计可以帮助我们克服大脑处理信息方式中的缺陷，如果没有这种帮助，我们可能就会犯错。所以我们需要利用设计和编程，让机器提供帮助。遗憾的是，这一经验没能得到更广泛的应用。当商店开始引入自助式结账服务时，我们会突然发现很多人付款后忘了拔卡——这就是通用解决方案被忽略的结果。

丢卡、挂失卡、重新办一张卡，这些事儿都很麻烦，但类似的设计缺陷可能存在于各种设备中。正如我们看到的，医院里到处都是用来帮助医生挽救生命的机器，但如果设计得不好，这些机器也可能会夺走生命。例如，护士需要安装输液泵来输送药物，但这些设备可能存在与自动取款机完全相同的设计缺陷。在设置机器时，护士需要关闭阀门以停止药物传输，直到一切就绪。一旦在计算机泵上设置好正确的剂量，他们必须手动打开阀门——最后这一步骤很容易被遗忘。与你在自动取款机上所做的相比，护士头脑中要处理的事情更多。这时候，机器必须提供帮助，不能拖后腿。

好的计算思维其实就是设计好计算机来帮助人类克服固有缺陷，以便人类能"像计算机一样思考"。

⊙ 差异处理

我们大脑的工作方式受到种种限制，并不仅仅是因为我们有限的短期记忆。有时候，大脑在不完全了解情况的时候就需要足够快速地处理人的感觉器官传递过来的大量信息，以便对周围世界做出反应。事实证明，要做到这一点，我们的大脑会犯各种各样的错误。

正如从自动取款机上取款那样，如果我们了解人类可能会犯下的各种错误，那么我们就可以通过系统设计（无论是基于计算机还是基于其他）来防止它们发生。当然，有时候我们会希望人们犯错误，希望他们做出无效的假设——那就是魔术的本质。因此，接下来让我们使用一种魔术来进一步探索人类的大脑是如何努力地想看清现实，最终却把事情搞砸的——如计算机般的大脑便不会犯这种错误。

我们知道，从左往右数五枚硬币和从右往左数是完全一样的。然而，如果我们设计一个系统，故意引入差异，使得本该相同的结果却并不相同，而观众却没有注意到关键，我们就可以通过人为错误创造一个相当有趣的魔术。

⊙ 不可能的抢劫伎俩

你可以为朋友表演这个经典的电影情节，就像所有精彩的抢劫电影一样，在结尾有一个转折点。角色是两个小偷，道具是五颗宝石，用七枚硬币来代表角色和道具：两枚代表小偷，其余五枚代表宝石。

渐入：故事开始时，五颗宝石在桌上排成一条直线。

场景1：两个小偷（用两枚硬币代表）像传统的抢劫电影一样，顺着电线从天花板上降落。你需要模仿这个经典动作，双手悬于桌子上方，展示手心硬币（左右手各一枚），然后握紧成拳头，双拳放下。这个动作意味着小偷们开始偷取宝石——每只手轮流从桌子上取走一枚宝石（硬币），捏入拳中，直到所有的宝石都被拿走。

场景2：戏剧性的一刻发生了，最后一枚被偷走的宝石滑落下来，警报响起。保安马上就要来了，于是两个小偷迅速把宝石一个接一个地放回桌子上，然后利用电线把自己吊到安全高度，以躲避侦查。诡计奏效。保安看到五颗宝石都在原位，重置警报之后便头也不抬地离开了现场。

场景3：两个小偷再次从电线上滑下来，将宝石一个一个地捡到自己罪恶的手里，看起来他们马上就要成功了。但是，在最后关头，一名保安发现这两个小偷正准备从屋顶上逃跑，这时你需要在桌子上方挥舞两个拳头来展示一场打斗。打着打着，当你张开双手时，大家会发现两个小偷莫名其妙地就出现在一只拳头里，而五颗宝石居然都在另一只拳头里。

渐暗：不可能的抢劫有了一个神秘而意外的结局，这是怎么发生的呢？

让我们走进幕后，看看使魔术生效的特技，那就是计算思维和人为偏见。

⊙ 幕后发生了什么？

这个经典的硬币魔术包含一个巧妙的算法，它结合对观众大脑的完美操纵，最终呈现出看似不可能的结局。魔术的整个流程与上述步骤完全相同，只是未加入一个重要的细节，那就是差异化，即观众认为硬币处于一种状态，而现实则处于另一种状态。你需要在捡起硬币以及将其放回桌子上的过程中使用"差异化"技巧。每当从桌子上捡起硬币时，都从该行的右边开始，右手捡起最右边的硬币，左手捡起最左边的硬币，然后右手又捡起剩余硬币中最右边的那个，以此类推。现有奇数枚硬币，因此，在第一个从右到左拾取硬币的场景之后，右手中有四枚硬币（一个小偷和三颗宝石），左手中有三枚硬币（一个小偷和两颗宝石）。

但是，当场景2结束时，你要先用左手把"宝石"从左边放回去，这样一来，当五枚硬币被放回桌子上之后，实际上右拳里还剩两枚硬币，而左拳里一枚也没有——这就是差异化发挥作用的地方。观众相信我们又回到了开始状态，所有的宝石都摆在桌子上，每个拳头里都藏着"小偷"。现在，你只需说服观众相信这个虚假的事实，而不必张开拳头。所以你要告诉他们，两个小偷都回到了他们原来的地方，藏了起来。

场景3又是从桌子上捡起宝石，从右手开始，经过一番熟悉的拾取流程之后，你的右手握着五枚硬币，而左手里则只有两枚硬币——这就是两个被抓到的"小偷"和五颗被找回的"宝石"。

⊙　隐藏抢劫算法和状态空间

从右到左地拾取，从左到右地放回，再从右到左地拾取，这些顺序便是一个算法，确保你拳头的每种状态（每个拳头里硬币的数量）都是魔术成功的关键。在计算层面上，从左到右对硬币进行操作的结果与从右到左是不一样的。

然而，观众无法注意到这种差异，再加上你对故事的渲染，他们很难发现真实情况。人们会倾向于以一种先入为主的方式来记忆信息，这会进一步强化魔术的效果（正如魔术师在这里做出的设置那样），这就是所谓的"确认偏差"。回想当时的情况，观众只会记得你简单地拿起和放下硬币，相信这两个动作会让硬币回到原始状态。这种先入为主的观念是建立在现实世界经验的基础上的，好比把放在桌上的叉子拿起来，再把它放回去，这绝对不会造成任何数值上的差异。这当然是绝对正确的，而且大多数情况下不会有任何区别。然而，通过巧妙的算法使状态发生了潜在的变化，"魔力"就这样出现了。

综上所述，我们找到了另一种大脑出错的方式。人类会试图通过猜测来跟踪世界上正在发生的事情，而不是精确地进行追踪。我们对事实的猜测会倾向于我们认为应该正确的事情，而不是必然正确的事情。

⊙ 神奇的过去激发你神奇的未来

这个版本的抢劫小魔术是专为这本书设计的，当然，你可以讲一个具有自己风格的故事，想出其他方法来隐藏魔术背后的算法。这种基础级的魔术历史悠久，时至今日，大多数魔术师用硬币以及"小偷和羊"的主题来表演。表演者的双手代表两个谷仓，每个谷仓里面都有一个小偷。遵循这一神奇的机制，用双手交替捡起五枚硬币（羊），而后放回再重拾。最后，两个"小偷"会神奇地出现在一个"谷仓"里，而所有的"羊"都在另一个"谷仓"里。在过去，这种小把戏也有各种各样的主题，包括"羊和狼""警察和强盗""狐狸和鹅""偷猎者和兔子"等。除了硬币之外，人们还会使用纸球、火柴等其他小物件作为道具。有不少魔术师创造了他们自己版本的魔术。如果你感兴趣，可以阅读J. B. 博波（J. B. Bobo）的《现代硬币魔术》来了解更多，这本书将向你展示一些有用的魔术手法和其他技巧，你可以用来震撼你的朋友。

错觉世界

⊙ 我们的感官当真合格吗?

计算机从传感器接收数据,传感器可以是光探测元件、按钮、GPS定位仪或者加速度计。这些数据输入是对物理世界的直接度量,它们是以伏特或安培为单位的电信号,通过传感器刻度,我们可以确切地知道测量的结果。

人类有五种相当精细的感官,具有视觉、味觉、触觉、嗅觉和听觉功能。这些感官是否与计算机设备上的传感器相似,还是更加复杂?如果的确更为复杂,其原因何在?为了探索这些问题,我们需要进入错觉的世界。毫无疑问,你对视错觉会很熟悉,且肯定见过那些迷人的图片,比如看起来弯曲的直线,看起来大小不同的两个相似物体,等等。

从这些错觉中,我们知道眼睛的工作方式跟智能手机上的简单相机传感器不一样。在我们使用信息之前,眼睛会对信息进行处理;在某些情况下,它们会对物理世界产生误判。那么其他感官又如何呢?以下是一些容易出现的错觉示例,你可以用家里已有的东西进行试验,结果也许会让你大吃一惊!

⊙ 甜度错觉

人类感知味道的方式并不仅仅取决于所品尝之物是什么。有个很特别的例子,就是糖的甜度取决于它的温度。你不妨也试试,将糖和水放在碗里,混合均匀后把其中一半倒入一个杯子,并将这杯水放到冰箱里冷却,剩下的一半则倒入另一个杯子,将其放在散热器附近加热。科学表明,当糖水的温度从4℃（冰箱温度）升到36℃（体温）时，我们所感知到的蔗糖（糖）甜度增加了40%。请你的朋友尝尝这两杯糖水，问问哪一杯水更甜（当然，这两杯糖水的含糖量完全相同）。如果你的朋友说热的那杯更甜，那么这就是甜度错觉。

如果你想更科学地设计实验，那就在碗里多放一些水，将混合好的糖水平均倒入四个玻璃杯，把一杯放在冰箱里，一杯放在散热器旁边，另外两杯则放在房间里，房间里的两杯作为实验对照组。先让你的朋友品尝一下这两杯常温糖水，因为它们含糖量相同，温度也相同，所以尝起来甜度应该一样。这样一来，我们就能够证明是温度造成了甜度上的差异，而不是其他变量在起作用，例如，有人会觉得第一次尝的味道更甜。

为了更加科学地进行研究，最好让你的朋友在每次品尝糖水之前都用正常的水漱口，这样就不会造成样本污染。

⊙ 温度错觉

现在，让我们来体验温度错觉。取三杯水，把一杯水放入冰箱，使水变成冷水；另一杯倒入从热水龙头流出的温水（温水即可，不用热水）；第三杯用常温水。

把这三杯水按温水、常温水、冷水的顺序摆放好。将你的一根手指伸进温水里，然后把另一只手的一根手指伸进冷水中。静待片刻之后，将这两根手指一起放入中间的杯子里。原来放在温水里的手指会觉得水很冷，而原来放在冷水里的手指会觉得水很暖，尽管两根手指现在都浸泡在同样温度的水里。

原因在于，当你的手指浸泡在温水中时，它适应了这种温度。你的身体基本上只对环境中的变化感兴趣，因为你得针对变化做出反应。所以，当你的手指适应了温水的温度之后，再把它伸入中间的杯子时，它会"期待"里面的水跟刚才一样暖。如果并非如此，你的大脑就会推断出"这水不热，一定是冷水"。同样，冷水里的手指也会适应寒冷，再把手指移到中间的杯子里时，大脑的反应是"这水不冷，一定是热水"。所以一根手指会觉得热，另一根手指会觉得冷，但实际上两根手指感受到的温度完全一样。

⊙　触感错觉

如果你有DIY工具箱，不妨尝试一下砂纸触感错觉，它跟之前的温度错觉很相似。请小心地用一只手在细砂纸上摩擦，另一只手在粗砂纸上摩擦；然后，用中等粗糙度的砂纸摩擦双手，两只手的感觉会不一样。为什么？因为摩擦细砂纸的手适应了较低的粗糙度，而摩擦粗砂纸的手则适应了较高的粗糙度。所以，就像温度错觉一样，两只手的触摸传感器分别适应了不同的粗糙度，对中等粗糙度砂纸的触感就会有所不同。请根据温度错觉的解释来预测，哪只手会感觉中等粗糙度的砂纸更粗糙，然后进行试验，看看你的预测是否正确。

⊙　大小-重量错觉

这种错觉在100多年前就已经被记录下来：如果你举起两个相同重量的物体，你会倾向于认为较小的物体更重。取两个不同大小的空塑料瓶，往里面分别装水或沙子，并利用天平使两个瓶子重量相同。让一位朋友把它们举起来，请他判断哪个更重。如果他说是小一点的瓶子更重，那么大小-重量错觉就起作用了。你可以告诉他，两个物体其实重量相同，但这种错觉并不会消失。

更奇怪的是，研究人员发现，当人们交替举起重量相同但大小不同的物体时，尽管他们会对两个物体施加相同的指尖力，但仍然会有大小-重量错觉。这是因为大脑的一部分被欺骗了，告诉你它们重量不同；虽然大脑的另一部分知道它们重量相同，但是这两个部分并没有互相沟通！

⊙　现在你知道了

考虑我们的大脑拥有非常强大的感官信息处理能力，大多数时候我们都非常清楚自己周围世界里重要的事情以及正在发生的事情。以上这些试验之所以能成功，是因为这些试验故意利用大脑处理信息的方式，让大脑犯错。

然而，当环境信息的来源很匮乏或很混乱时，会发生什么呢？在这种情况下，我们会经历一种特殊的错觉，它叫作幻想性视错觉。当我们觉得一个模糊的随机刺激（通常好像来自电视或收音机的失谐图像或声音）有意义时，就会发生这种情况。我们可以在云彩里看到动物或人脸，在月球上看到人脸，或者听到黑胶唱片上播放着根本不存在的秘密信息。

还有另一种你可能没有考虑过的情况：你的大脑会创造一些你"看到"的东西。眼睛视网膜上的盲点是视神经离开眼球的地方，视神经经由此处将所有光信号传输到大脑。盲点上完全没有光感受器，这意味着视网膜的这一部分在物理上看不见任何东西。

那么，为什么你不能意识到这个没有光感受器的直径为1.5毫米的椭圆形盲点呢？事实证明，是你的大脑填充了这块空间，它可以使信息"遮盖住"你的盲点。这种所谓的"填充"非常复杂，并且还取决于在盲点周围的真实世界中观察到的内容。例如，闭上你的左眼，右眼对准图73中的"+"，然后前后移动书页，直至"×"落入你的盲点——你的大脑以连续的直线填充缺失的空间。

图73　盲点错觉

闭上左眼，看"+"，把书前后移动，"×"就消失了。

所以，即使那里什么都没有，你的大脑也希望在接收到的信号中找到熟悉的预期模式。如果什么都没有，它可以自己填充。

心智的数学模型

⊙ 韦伯定律

物质世界如何影响我们的感官？这是一个关于人类经历的深奥问题，几个世纪以来一直困扰着哲学家们。我们可以通过衡量眼睛看见的光强度，探测耳朵里或皮肤上气压的变化，检测鼻腔中的化学物质或舌尖上来自食物的化学物质来感知周围的物理世界；但是这些身体上的刺激如何变成对重量的感觉、听到话语的感觉，又或是品尝美味食物的感觉呢？身体对于刺激的测量如何成为我们的感知体验?

我们至今仍然不知道确切的答案，但在1860年，一位名叫恩斯特·海因里希·韦伯（Ernst Heinrich Weber）的德国医生和他的同事古斯塔夫·费切纳（Gustav Fechner）共同发现了一些相当有趣的东西。刺激的强度与感知的强度可以用一条简单的数学规则（一个等式，而不是生成式规则）联系起来，即韦伯定律。这条规则适用于我们所有的感官，它是第一个将身体与心理感知联系起来的数学模型。虽然实际上是费切纳完成了运算，但他把该定律作为"礼物"送给了韦伯，所以韦伯定律这一名字一直沿用至今。

⊙ 重量心理物理学实验

韦伯做了几个经典的实验来帮助他构想这个规则。他蒙住一个人的眼睛并让这个人拿着一个重物，然后慢慢在这个人的手上增加重量，直到这个人首次表示感觉到了重量的变化。重量是刺激强度，而人注意到重量差异的能力是衡量他感知能力的尺度。

韦伯发现，往上增加重量直到这个人感知到重量差异的这个重量取决于开始感知的物体有多重。如果开始时物体的重量只有10克，再增加1克就会很明显；如果初始重量是1千克，那么额外增加1克并不容易被察觉。这种类型的实验，即在真实的物理世界中进行操作并测量一个人头脑中产生的知觉，被称为心理物理学——韦伯和费切纳开创了这一研究领域。

⊙ 数学表达

换句话说，韦伯定律说明，最初的刺激越强，就需要越大的改变才能让人注意到某些事情发生了变化。文字总是有用的，韦伯可以借此描述他的发现；但通过观察实验数据，费切纳找到了一个非常简单的数学表达式。

我们将刺激强度称为S，它可以用来指代上一节实验中手中物体的原始重量。假设我们将强度增加dS即可感知到重量差异（dS是当我们注意到强度变化时增加的额外重量）。根据定律，如果将这个额外重量除以原始重量，我们将始终得到一个常数。

$$dS/S = k$$

k就是这个常数。你可以根据实验数据计算出这个数字。

⊙ 我预测……

如果我们针对一个特定的重量测量常数k（通过测量并计算得出），则可以测试其他重量的常数k是否真的相同。更棒的是，我们可以先做出预测，然后检验预测。假设初始重量很轻，只有10克，而当我们再增加1克时，我们可以注意到重量的变化。根据韦伯定律，1克/10克即为常数，在这个例子中是0.1。使用这个常数0.1，我们可以预测如果从1千克

（1 000克）开始实验，我们需要增加多少重量（dS）才能感知到差异。根据定律，dS/1 000必须等于这个常数（0.1），因此，变换公式得到：

$$\mathrm{d}S = 0.1 \times 1\,000 = 100（克）$$

数学给出了一个具体的预测结果，所以现在我们可以进行测试；如果仅使用描述性词语，那么我们将无法获得这种有用的可测试能力。

⊙　通用规则

心理物理学研究人员在实验中发现，只要不走极端，韦伯定律便是将刺激强度与感知联系在一起的良好预测手段。该法则适用于重量、亮度、音量，甚至线路的长度。它在计算中有许多应用，例如图像显示、计算机图形和音频处理。举个例子，它可以用于决定在小屏幕上显示什么内容——既然周围有更显著的事物，为什么要显示没人会注意到的细节？与之类似，如果你想压缩音频文件，使其占用的存储空间更小，就可以使用基于韦伯定律的算法来决定舍弃声音的哪些部分（例如，混杂在响亮声音中的轻言细语），这些部分将无法恢复，并且别人也不会察觉到。

韦伯定律就在我们身边，尽管你可能没有注意到。自问一下，为什么我们白天看不到星星？白天的时候，它们其实和晚上一样明亮。为什么我们在喧闹的白天听不到滴答作响的钟表指针的走动声，而在寂静的夜晚却可以听到？这都是韦伯定律在帮助我们预处理和巧妙地压缩我们大脑中的数据。我们的大脑没有像机械传感器一样直接测量刺激，这是为了能够处理更大范围的数据输入。

⊙　仿生学——为了更好的技术

进化论已经找到了明智的方法来解决复杂工程和信息处理问题（但却从未申请专利）。这就是当前一个十分活跃的计算机科学研究领域，它旨在了解生物系统如何工作，被称为仿生学。理解了生物学之后，我们的目标就是把这种理解运用到计算机系统中，这样我们就能检验对于生物学的理解：计算机系统是否具有自然主义性质？这意味着我们也可以做出预测。此外，我们有一些非常有用的算法可以帮助我们编写更出色的计算机程序。科学、计算机科学和计算思维齐头并进。

计算机科学家从大自然中得到灵感，创造出一系列不同的算法，帮助我们完成各种复杂的任务。自然选择的过程已经发展出非常明智的工程解决方案，使各种各样的生物能够在我们的星球上生存。那为什么不"抄"呢？要知道，鸟类的翅膀已然为飞机的发明者提供了灵感。既然如此，我们为什么要停下脚步？进化解决的不仅是工程问题，它还提供了解决信息处理难题的方法。例如，免疫系统有着复杂的抗体网络，使我们能够对抗疾病。这些抗体的工作原理是对抗体表面的形状和入侵细菌及其他有害物质表面的蛋白质分子模式进行匹配。计算机科学家根据免疫系统的工作原理，在计算机上进行模拟匹配，类似免疫系统的算法会携带一系列不同的数字模式，使得我们能够检测各种数据的模式，无论是垃圾邮件的内容模式还是网络上的可疑流量。

此外还有更多的例子，比如计算机模拟蚂蚁从巢穴中觅食的方式，用来开发出改善机器人导航能力的解决方案。视觉显著性（即图像中吸引我们注意的区域的特性）的测量，也是基于计算机发展起来的，其生物基础建立在对我们大脑后部的视觉皮层（图像处理部分）的工作方式的理解之上。这使得机器人能够理解一个场景，并帮助广告商改进他们的图形设计。

随着对生物系统的理解不断加深，我们可以基于自然界运作的简化版本，为计算机提供新的工作方式。

偏颇的大脑

⊙ 街头魔术表演：快，想一个数字

街头魔术师经常使用这种心理伎俩，你也可以试试看。让一位朋友快速想出一个介于1和100之间的两位数，它的两个数字必须都是奇数，而且不能是同一个。快，集中注意，答案是……37！

⊙ 魔术：数字"37"的把戏

首先要说明的是，这个把戏并不总是奏效！当然，电视节目只会展示这个把戏成功的案例！魔术的基础是概率，魔术有一个相当狡猾的方法是减少观众的选择。如果你表演时出了问题，那么，嘿，读心术就很难奏效。原因只是你没有好好地调整。

⊙ 原理是什么？

一开始，你告诉参与魔术的志愿者，他们可以在1和100之间选择任意两位数，这表明他们会记得你给了他们1～100的选择。这叫作记忆的首因效应：你往往能把最开始的事情记得很清楚。两位数意味着1～9这些一位数不能入选。

然后你继续说两位数的两个数字都必须是奇数，这样一来可选数字就减半了：所有的偶数都不能选。接下来，你说两个数字必须不同，志愿者能够选择的范围就更小了。事实上，志愿者可以选择的数字已经所剩无几（尽管他们并没有注意到这一点）。

现在，我们要用到心理学和统计学了。被要求迅速给出数字时，绝大多数人会说37。为什么？因为人们会倾向于想一个中间点的数字，13太小，97太大，数字3和7会是大多数情况下的选择。如果你让别人说出一个介于1和10的数字，这两个数会是最常见的答案。不管是什么原因，你得到37的可能性会非常大。

⊙　心理学、偏向与认知科学

大多数人会选择37的这种效应被称为心理偏向。除此之外，还有其他例子，比如：让人快速想出一种颜色，大多数人会回答红色；让人快速想出一种蔬菜，大多数人会说胡萝卜。理解人类的心理，比如记忆中的首因效应和"37"把戏中的心理偏向，是认知科学的一部分，这一迷人领域专注于探索人类的思维过程。计算机科学家可以利用这些成果来尝试编写更容易使用的软件，或者构建能够模拟人类能力的人工智能。所以下次你想说37的时候，想想它背后的认知科学，然后选择数字57吧！（可能你已经这样做了，干得漂亮！）

⊙　偏见，无处不在

如果你把一枚硬币抛向空中10次，每次都是反面朝上，那么下一次正面朝上的概率是多少？会比之前高吗？当然不会。虽然每次投掷得到正反面的概率都是50%，但大多数人强烈认为，第11次的结果得正面朝上才行，没有任何（基于概率的）合理理由。这是一种大脑偏见，叫作"赌徒谬误"——我们倾向于认为未来发生某件事的概率会因过去的事件而改变，而实际上概率是不变的。

事实证明，如果我们仔细观察人类的行为方式或人类在群体中相互交流的方式，会发现人类通常做不出理性的决定。人们不遵循计算机的逻辑和数学规则（我们已经知道个体会如何产生认知错误）。硬币戏法的观众会犯错，我们也已经看到了数字"37"这个把戏中所带有的偏见。此外，我们还知道感官会通过"遵循韦伯定律"来有效地压缩我们从感官处获得的数据。

如果我们把很多人聚集在一起，这个群体会表现出一些非常奇怪的偏见效应。很可能是远古时期狩猎采集者遗留下来的群体心理，加上选择配偶的社会信号，使我们能够形成更具凝聚力的群体。然而，这些效应常常会导致很多问题。

例如，当有人提出反对证据时，人们反而会更加固守和强化自己坚信的原观点，这叫作逆火效应。从众效应则是指我们倾向于按照周围人的方式行事。还有我们刚刚讨论过的确认偏误，你会发现大脑经常让我们难以找到真相。

但是我们的大脑也意识到了这一点：我们有一个固有的偏见盲点。我们倾向于认为自己的偏见比别人少，发现别人的偏见总比自己多。此外，学习技能也会受到偏见问题的影响。社会心理学家大卫·邓宁（David Dunning）和贾斯汀·克鲁格（Justin Kruger）发现，不熟练的人往往会高估自己的能力，而专家则会低估自己的能力。

你可以利用偏见让自己变得更受欢迎。比如，光环效应会让我们倾向于看到积极或消极的人格特征从一个领域延续到另一个领域，这往往对那些有吸引力的人有很大的影响。我们倾向于认为有魅力的人也拥有（他们并不一定具有）美德，仅仅因为他们有魅力。而一旦形成一个小集体，我们的群体偏见会使这个群体保持稳定——这是我们内在的倾向，即所有人都必须给予我们认为是自己团体成员的其他人一些优惠待遇。

你也许看过关于谷歌效应的报道（其他搜索引擎也一样），这是一种现代趋势，我们会很容易忘记那些我们知道可以通过互联网搜索引擎轻松找到的信息。也许这是因为我们的大脑正在朝着与我们周围的技术互相连接的方向进化，以便让计算机承担一些压力！

除此之外，还有许多其他的社会、记忆和认知偏见，我们必须好好处理。偏见经常以潜意识的形态存在于大脑中，所以我们不能明确地意识到。然而事实证明，它们从根本上影响了人类的行为。

⊙ 不完美的计算机

我们不像计算机那样，能把每件事都做得完美无缺。重要的是，我们要认识到计算机也不完美，计算机只是在不同的方面有专长。计算机只能按照程序设定来运行，如果程序有错误，那么它们就会做出错误的事情。更糟糕的是，即使程序完全按照程序员的意图运行，计算机仍然可能会做出错误的事情，这是因为程序员的想法有可能是错误的。我们知道，它们可以被错误设计，只不过错误暂时还没发生。在极少数情况下，由于程序员考虑得不够清楚、不够全面，编程可能会出现错误，从而导致计算机做出错误的事情。所以人们使用计算机时出现错误可能是因为编程的方式有问题。这不仅意味着计算机必须做计算机设计者想让它们做的事，而且意味着这个想做的事必须思路正确。

如果人们绝对相信程序，那么事情会很糟糕。2015年英国法院的一个案例就是个极端的例子。两名护士在脑卒中患者接二连三地死亡后被控过失杀人罪。警察检查记录时发现护士的记录和计算机中血样检测的日志不一致。显然，唯一的解释是护士们编造了自己的记录以掩盖导致死亡的错误。然而，当法院要求计算机科学家检查计算机证据时，他们发现计算机才是不靠谱的那一个。控告护士的案子败诉了，但在此之前，无论警察、医院管理人员，还是检察官都想当然地认为机器说的是实话，两名无辜的护士差点因此被送进监狱。你看，计算机知识非常有用，即便你不是一名程序员，也需要学习和理解计算机如何工作，以及它们如何出问题。

另外，程序员需要了解人，了解了人类的局限性、人类的偏见以及人类感官的工作方式之后，才能编写适合目标的程序，这些程序才可以帮助人类而不是增加人类生活的难度（就像某些程序那样）。

⊙　押韵有理（韵律当理由）

让我们最后以一个人类饱受其苦的偏见来结束本章，这种偏见值得注意，因为它实在太奇怪了，它就是伊顿–罗森现象（Eaton–Rosen phenomenon）。这种偏见通常也被称为押韵有理（又称韵律当理由）效应，意思是当一个语句被改写得很押韵时，我们倾向于认为它更准确或更真实（这是广告商常用的伎俩）。为什么押韵的陈述被视为更真实？这一点值得商榷。我们可能只是觉得它更有魅力，在美学角度上令人愉悦。

我们的大脑很奇妙，它相当古怪，而且显然不能自然而然地使用计算思维和逻辑思维（好吧，有些时候还行）。人类的思考方式跟计算机不一样，将来计算机会越来越多被设计成像人类一样思考，也许计算机还会模仿人类的一些怪癖。只有这样，计算机才能真正地像我们这样体验这个世界。

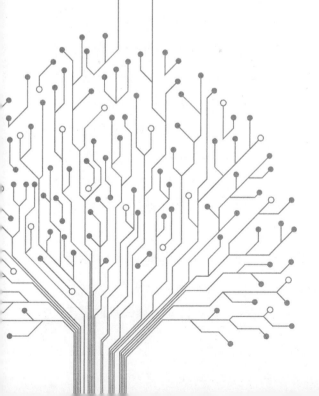

第十三章

什么是计算思维?

我们已经浏览了很多计算思维的实践案例。但愿你现在已经大概了解了计算思维是什么,以及抽象及算法思维等不同元素是如何结合起来的。这些将为你解决问题与认识世界提供方式。在本书最后的这一章中,我们将梳理构成计算思维的所有不同要素。

计算思维是一系列松散的技能的合集，它的主要关注点是创建算法，用于解决问题。算法之所以非常强大，是因为它一旦被创建，就能在无须思考的情况下运行。计算机科学家之所以对算法感兴趣，是因为它是程序的基础。其实人们在发明计算机之前就已经在几千年里创建了各种各样的算法。虽然最近才被正式命名，但计算思维已然是一项古老的技能。

算法思维是计算思维的核心，它本身也包括其他一系列技能，如抽象、归纳、分解以及评估等。算法思维的核心在于逻辑思维、模式匹配以及为待解决问题选择恰当的数据表现方式。它通过计算建模等方式，运用科学思维，正在不断改变科学研究的方式。优秀的算法思维依赖于对人类及其优缺点的深入了解。最重要的是，这是非常有创意性的活动。

让我们逐一研究计算思维的这些要素，有许多要素已经成为其他学科的基础，同时也是其他问题的解决方式。

⊙ 算法思维

算法思维是将问题的解决方案视作算法。比如，我们解决"骑士巡游"和"导游谜题"问题的途径就是按照指令的顺序走遍整个棋盘或参观每一个旅游景点，最后回到起点。我们的解决方案便是一种城市观光游或走遍棋盘的简单算法。你可以选择不同的路线，正如同一问题的解决方案可以有多种不同的算法。我们可以把魔术技巧看成是魔术师所遵循的能够保证魔术效果的算法。算法使我们在圈圈叉叉游戏中获胜，还能使我们与闭锁综合征患者清楚地交流。能够自我学习的算法为我们提供了创造智能机器的思路。算法可以用来赚钱，可以创作艺术，当它被运用于医疗设备时，甚至可以挽救生命。

为何在我们解决问题时写下算法非常重要？因为只要我们写下一次算法，就可以按照我们的意愿进行多次使用（可以一遍又一遍地观光游览，一直完美地赢得游戏，每次都能拯救生命……），而无须做其他更多工作，也不用一次次地寻找解决问题的方法。我们还可以把算法交给别人使用（如果你是旅游公司的经理，可以把算法教给你的初级助理；还可以把算法交给去医院探望闭锁综合征患者的人；等等）。这样一来，他们就无须自己从头开始研究所有事情。算法不再像几千年前那样是仅供人类遵循的法则。在计算机时代，算法可以转变成程序，机器可以替代人类工作。

⊙　计算建模

计算建模的理念是算法思维的一个重要部分，即在现实世界中选取你想了解更多的事物（比如天气），而后在虚拟世界中创建与之相同的算法。算法可以模拟现实，如此你就可以在运行算法时预测现实世界中对应的事物是怎样运作的，比如预测明天是否会下雨。你只要构建出良好的计算模型，就能在模拟机上进行大量实验，这比现实生活中的实验要快得多。一般而言，你甚至可以用数学来推理预测模型的结果。

计算建模是计算思维促使其他学科发生改变的主要方式。在前几章中，我们介绍了可以模拟大脑工作和生态系统运转的计算模型。计算模型也能用于生物学，生物学家通过创建心脏或癌细胞等的算法模型，进行虚拟实验，或使用虚拟动物进行实验，这样可以减少用真实动物来做实验的次数。在经济学领域，经济计算模型可以用来预测政治家正计划实行的变革可能影响的范围。气候学家也可以利用计算模型来预测全球气候变暖所造成的影响的范围。此外，计算模型还可以用于研究创造力，分析好的文学作品或艺术作品是如何产生的。

现在，计算建模已经被运用于物理学、生物学、化学、地理学、考古学以及其他多个学科。无论什么学科，计算建模都可以为其研究提供新的方式，而后被人们创意性地转化成新的业务领域，创造出新型的产业。

计算建模甚至还改变了我们玩游戏的方式。游戏《魔兽世界》是一个幻想世界的计算建模，而体育类游戏则是体育运动的计算建模。在这两类游戏中，程序员都建立了物理法则模型（比如飞起来的东西会呈抛物线下落），使得游戏体验更顺畅，更真实。

计算建模并不仅仅是数字素养或IT技能。在计算建模被广泛运用的今天，无论你研究什么学科，掌握这项技能都非常重要。

⊙ 科学思维

科学思维对于使用计算思维的人来说也很重要。你需要了解科学原理如何运作，才能为计算建模的科学流程提供支撑。我们要认识到，模型的结果很重要，可以利用结果来对模型进行分析。如果模型与现实无法匹配，那么其成果对现实也没有什么意义。你需要通过预测和测试来检验这些结果在现实世界中是否有效。如果你没有忽略这一点，那么计算思维就会成为帮助你了解这个世界的有效方式。此外，科学思维在其他方面也能派上用场，尤其是在评估算法方案方面。科学方法为我们提供了一系列方式来检验算法能否契合目标，在下文中我们会再次提到这一点。

⊙ 探试算法

有时候，我们创建不了能保证获得某项任务的最佳解决方案的算法，有可能完全没有这么一个最佳方案，也有可能在一定时间内无法完成（确实是"不可能"，而不仅仅是"有点难"）。那么，我们就可以使用探试算法，虽然它不能保证得到最佳方案，但能在合理的时间范围内给出适当的方案。这类算法不能帮我们找到最佳答案，但通常会提供不错的答案。例如，导航卫星给你规划路线时便是如此。

⊙　逻辑思维

以算法思维来思考必然会涉及逻辑思维，它要求我们做到留意细节、一丝不苟。算法的每一个指令都必须考虑每一个可能出现的结果。你在添加数字指令时是否已经把正负数都考虑进去了？如果没有，计算机在遇到该问题时就可能会出现错误甚至系统崩溃。开发算法时，我们需要非常有逻辑地思考算法如何运作。即使不写在纸上，你至少必须在脑子里对它的动作方式进行逻辑论证。你不希望你设计的火星登陆器在出发数月后刚登陆火星时就因你遗忘了一个细节而撞毁，对吧？此外，逻辑思维也是评估的一部分，这一点下文会提到。

⊙　模式匹配

识别两个相同（或很相似）的问题是计算思维的一个重要部分，即模式匹配。这是我们一直在做的事情，也是专家的工作方式：认清现状，然后不假思索地做正确的事情。模式匹配也是很多程序运作方式的核心：它们根据情境匹配规则，以此来决定一系列合适的、可遵循的指令。开发这种程序的程序员必须开发出程序需要加以匹配的模式。我们曾经提过的机器学习其实也是一种模式匹配，不过现在的程序已经可以自行得出与之匹配的模式。

当需要解决问题时，模式匹配简化了我们的工作步骤：有了它们，我们便可以避免在每次出现新问题时做重复工作，只需将问题与之前解决过的问题相匹配，再调出原来的解决方案即可。比如，当你看到某个问题或疑问是关于连接不同地点的方式时，不妨考虑用图形来表示。也就是说，如果你能把这个问题与"从一个点到另一个点的模式"匹配起来，那就用图形来表示，以便得出有效的解决办法。这些点不仅可以是物理位置，还可以是网页（由超链接连接）、闹钟的状态（通过按钮切换）或者城市（由航班连接）等。

⊙ 表现方式

通过选择良好的表现方式，我们只要改变信息的组织方式就可以使问题变得更容易解决，而且很好达成。令人惊讶的是，我们可以用很多种方式来表现同一个信息，一旦你意识到这一点并在一开始就注重选择良好的表现方式，那么整个问题的解决就会容易很多。正如我们在图形问题和文字游戏Spit-Not-So中了解的那样，良好的表现方式对人类和计算机都管用。不仅如此，表现方式还可以完全改变我们解决问题时所用的算法。改变表现方式之后，我们甚至有可能找到更快速、更简单的算法。我们在本书中已经介绍了许多不同的案例，比如图片的光栅表现方式，存储大量像素（可构成网格）与存储矢量（线条和形状）的对比。我们也知晓，网格表现方式为我们的计算提供了可能性。还有，如果将数字以二进制存储在穿孔卡片上，我们就可以在此基础上使用快速检索及分类算法。将某种模式以数字滤波器的形式表现，就可以得到帮助计算机"看见"的算法。事实证明，选择良好的表现方式也是抽象与归纳的重要组成部分。

⊙ 抽象

抽象，即以某种方式隐藏细节，从而使问题更容易解决。我们已经找到很多隐藏细节的方式，它们可以用于设计算法和评估算法。

在早期的一些魔术技巧中，有一种重要的抽象方式，即控制抽象，它将指令进行分组，这时你就能得到包含多个具体指令的上级指令，其实就是把一组步骤的细节隐藏起来。比如烹饪书就是一个很好的例子。以"煮土豆"为例，短短的三个字其实涉及很多小步骤，包括在锅里加水、烧火、水烧开后加入土豆等，而所有这些步骤都可以合为一个指令——煮土豆。要按照这些小步骤去做，你需要所有细节。合并后的上级指令对于写说明书以及从整体上考虑算法（或菜谱）会大有帮助，而许多细节只有在真正做事的时候才起作用。控制抽象与我们下文要讲述的分解联系非常紧密。

　　另一种重要的抽象方式是数据抽象，即隐藏数据存储方式的细节，也就是数据真实的表现方式。比如，数字以二进制存储于计算机中，即一串由0和1组成的序列，如将数字"16"存储为"00010000"。但我们在考虑数字的时候往往会忽略这一事实，仅仅关注我们更了解并习惯使用的十进制数字"16"。编写程序时，我们在指令中也使用十进制数字而非二进制数字。程序在运行时也是让使用者输入十进制数字而非二进制数字，虽然计算机使用的是二进制数字，但使用程序的人不需要知道这一点。这就是隐藏细节。

　　我们不仅在编写程序的时候运用抽象，在评估时也同样可以用。例如，在研究帮助闭锁综合征患者的算法时，如果想要比较两种作用相同的不同算法哪一种更快，我们不需要考虑时间本身。我们可以隐藏实际时间这一细节，从工作效果方面考虑，即考查每种算法完成任务所需的操作次数。如果其中一种算法需要100次，而另一种只需要10次，那后者显然更快。这样一来，我们不用关注时间，只需通过数操作次数就能得出结论。很明显，隐藏操作所需时间这一细节能使问题变得更简单。

⊙　归纳

　　归纳，用一句话概括就是，利用我们已经解决的问题对当初的解决方案（算法）进行改编，借此解决类似问题的方法。打个比方，假设我们要从一张座位表（列出名字并告诉我们对应座位位置的表）上找到自己的名字，我们可能不会随机查找，而是从列表的最上方开始，按顺序往下查看，直到找到自己的名字。如果下次我们要在架子上找一张CD，可以将其看作是与找名字相同的问题，而这一过程就是模式匹配：将一个问题与另一个进行匹配。如果我们发现两个问题本质相同，就可以使用相同的解决方案，无须重新编写一个算法。我们从架子的一端开始（可以用手指定位，这样更方便），依次查看每一张CD，直到找到想要的那一张（当然，如果一直查看到架子的另一端也没找到，那就说明这个架子上没有我们想要的那张CD）。我们通过归纳方案或者说转变算法（第一个问题的解决方案）解决新问题。

更进一步来说，无论什么时候，只要我们需要在以某种方式排列的东西中找到我们想要的，就可以运用这种方案。我们从找名字的问题中归纳出找东西的方式，由名字列表归纳出事物的排列顺序。我们把单个算法转变成通用的搜索算法。这种算法不仅能解决某个问题，还能解决其他同类问题，只要是搜索东西就可以使用。如此一来，我们就是通过对解决某个问题（如找名字）的方案进行归纳，得出解决一类问题的方案。

要注意的是，在做归纳时，我们也需要隐藏一些细节。我们不需要考虑名字或CD的细节，只需把它们归纳为"一种事物"即可，这就是用抽象进行归纳。

有时候，我们用归纳的方式创建出能够在上述很多情形下使用的通用算法。有时候，我们认识到某个全新领域的新问题与我们之前解决过的问题类似，便对此进行一次性归纳——把问题（及解决方案）进行跨领域转化。例如，手机支持预测输入的功能，当你输入单词时，手机会根据你输入的字母猜测整个单词。同样的预测输入算法也可以帮助闭锁综合征患者，让他们以眨眼确认字母的方式与人交流时无须拼写出整个单词，而是让其他人以同样的方式提前猜出整个单词。只要你能通过模式匹配发现问题的相似之处，就可以使用同一种算法解决多个看起来明显不同但本质相同的问题。

模式匹配和归纳可以在所有层面上运用，无论新出现的问题是整体与之前解决过的问题一样，还是只有一小部分相似。我们在编写程序时，程序的各个部分通常会与我们之前遇到的比较类似——或许是因为我们需要程序反复求证是否需要再做这样的事（就像玩游戏赢了之后还要继续玩一样）。如果之前已经写过一些代码，后来发现它们与新的需求一致，我们就可以改编该代码并将其纳入新程序，而无须重新琢磨所需的指令。

　　归纳对评估也有所裨益。假设我们已经创建了一些通用算法，对它们进行一次评估之后，发现这些新算法在新任务中屡试不爽。例如，我们一旦知道了某算法的效率及其与其他作用相同的算法之间的差别，我们便可以根据此结论来决定该算法是否适用于新的任务。

⊙　分解

　　分解就是把大问题分解成多个小问题以便解决，通过解决每个小问题，我们最终就能解决大问题。在第八章中，我们在编写自动欺诈程序时就使用了分解。通过先搞定各个组成部分来建立一个整体，这真的是一种强大的思考方式。分解让我们有能力编写出由上百万个指令组成的复杂程序，如果没有它，我们目前所使用的大型计算机程序就无法成为现实。

　　分解在编写程序中的使用与控制抽象紧密相连，其理念在于将你所编写的程序分为多个独立的任务，然后针对这些小任务写出各个独立的小程序。编写小程序相对容易，这样一来，由这些小程序组成的大程序也能够更容易完成，因为不用一次性考虑所有细节。一旦完成这些独立的部分，你只需考虑它们可以用来做什么，而不用想它们是怎么做的。为了方便行事，你可以为每一个部分命名，这样就能清楚地知道它们可以做什么，而隐藏它们怎么做的细节（像这样命名也是另一种类型的抽象）。而后，你将小程序合为大程序时便无须再考虑所有烦琐的细节。

　　这种形式的分解开辟了归纳的另一种使用方式。如果这些小程序是以一种适当的通用方式来编写的，那么这些小程序就可以用于其他大程序。如果你能将子问题与已解决的问题实现模式匹配，你甚至可以用相应的现有程序去解决这些子问题。

在进行分解时，我们可以用一些特殊技巧来更容易地找到见效快的解决方案，例如分治问题解决法，其理念是把问题分为多个相同的小问题来解决。为了在电话号码本中找到想要的号码，我们将号码本翻至中间位置，查看该页上的名字按字母表顺序是在我们要找的名字之前还是之后，就能知道该往前半部分找还是往后半部分找。这样一来，我们要查找的范围就变小了：只需在半本号码本中搜索。接下来，我们还是以同样的方式进行，翻至剩下这半部分的中间位置继续找……一直如此，直到找到我们想要的名字为止。这样一来就能更快地解决问题。这个例子同时也诠释了递归式问题解决法，这是算法思维的一种特殊形式，它编写算法的基本理念是将问题划分为相似的小问题。与递归不同的是，分治是将问题对半分（或等分为三份、四份等），所以每一次划分后的新问题的范围大致相同。

⊙ 理解人类

技术最终被人类使用并为人类服务，亦即计算思维的本质是为人类解决问题，而非关乎技术。因此算法思维中必须包含"理解人类（他人）"这一元素，尤其是理解人的优缺点。我们已经在本书中谈过多个相关案例，包括如何帮助闭锁综合征患者，以及如何确保医护人员不犯错。让我们再来看一个极端的例子。假设你想设计一个安保算法来确保在线银行系统安全，你可能会想出这样的主意：输入由1 000个随机字母组成的且没有可识别单词的密码。这样的密码真的很安全，但也很愚蠢。除了一两个天才之外，世界上没有人可以记住这样的密码。因此，这样的算法是无用的。用计算思维解决问题时，理解人类必须是核心。

⊙　评估

写完算法之后，对其进行评估很重要。我们必须检查算法是否有效，尤其是检查它是否符合问题描述的一系列属性或要求。

评估就是检查你的解决方式是否质量过关且与目标契合，其中有很多需要评估的地方。最基本、最重要的一点就是评估该算法的可靠性：你的算法真的能运行吗？一直都能！无论发生什么事情，算法都能正确应对并给出正确的答案吗？你需要确定它可以。否则，人类或机器在遵循该算法行动时可能会陷入困境，会盲目地犯错或根本不知道该做什么。这在猜物体的魔术技巧中也有所体现——我们似乎已经想到了所有可能的结果，但如果有观众指的是我们用来做暗号的其中一个秘密物体，魔术就可能出错。我们不能让任何一个魔术过程或计算机"发生意外"。

第二个需要评估的是速度意义上的性能。你的算法有多快？还有其他作用相同但速度更快的算法吗？你的算法在特殊情况下会变慢吗？这些特殊情况会造成重大影响吗？例如，有一种用于事物分类排序的算法（被称为快速排序）在通常情况下可以用很快的速度得到答案。然而，如果你将恰巧已经排序正确的事物用该算法来排序，这个算法就会很荒唐，它变得很慢，为排序正确的事物排序花费的时间比为完全混乱的事物排序用的时间还久。我们不否认这是个了不起的算法，但当你将一堆排序正确的事物再次进行排序时，这个算法就显得很愚蠢。我们很难为某项任务找到唯一的最佳算法，这要取决于当时的情况，你需要评估算法在多大程度上适用于该情况。

第三个需要评估的重要内容是你得出的解决方案是否真的契合目标。我们知道，算法的作用是帮助人们解决问题。我们在讲算法设计时提过，它们必须可以为人们所使用。因此，你必须对程序、系统以及解决方案进行广泛评估，看它们是否方便使用以及人们使用时是否体验良好。我们不希望算法会导致人们犯错，也不希望人们会因此而失望或生气。这就涉及"理解人类"。在这部分评估中，我们应该这样发问："考虑人类的习惯，它能良好运作吗？它可以发挥人类的优点并减少因人类的缺点而产生的问题吗？"

假设你正在设计一种缓解患者疼痛的给药设备，只要护士设置好剂量，按下启动按钮，设备就会在几小时内将药物通过输液管输送到患者体内。如果处方要求在6小时内每小时输送15.5毫克——这就是护士要做的事情，也是设备应该能够又快又好地完成的任务。但如果护士输入剂量后需要等几分钟，等待设备完成自我设置之后才开始运行；或者设备需要整理内存，运行缓慢，导致输液中途中断，那么这就不是一台好设备。更重要的是，设备使用起来要很方便，它应该能够防止护士犯错，并在护士犯错时帮助修复问题。如果护士错误地输入"155"（这是一个非常危险的剂量）而不是"15.5"，那么设备至少应该能够提醒护士，并让他们有机会撤销错误操作。当然，如果设备能够确保少犯类似错误，这样的设计自然更出色。

在评估中还涉及很多技巧与技能，比如严格测试：系统性地检查实施算法或程序是否真的有用。这就需要做很多测试，不能通过一两次运行程序就裁定程序有用，而是需要明智地选择测试环境，以增加不出意外的概率。这本质上需要用逻辑思维去思考要进行哪些测试来保证覆盖所有可能性。

还有一种补充测试方式是严格论证。除了可以通过运行程序来判断程序是否有用外，我们还可以利用论证的力量。通过逻辑推理，我们可以论证得出为什么某些测试就足以保证整个程序是正确的。举一个极端的例子，我们的论证可以利用逻辑求证（数学家所使用的求证的变体）得出算法或程序一直是有用的。当你创建算法或程序时，你在脑子里已经有了觉得它可行的理由。而在评估阶段，你需要对这些理由进行检查，确保你没有错过任何细节。通常这样的求证会在系统抽象中完成，这意味着忽略不相关的细节，方便顺利完成求证。重要的是，你需要认识到求证结果何时适用于系统模型，何时适用于系统本身，因为模型正确并不意味着系统也正确。

你也可以单独评估方案的不同部分，也就是运用分解，即我们把一个问题或系统看作多个更简单的部分，单独进行研究。由于各个部分比原问题涉及范围小，因此会更简单。我们不应该在提出方案后才开始评估，而应在思考方案，以及开发算法、程序和界面时就进行。你必须在制订解决方案时反复进行评估，创建早期原型并以不同方式评估并解决已出现的问题。分解让我们能在评估时对各个细小的部分进行单独评估。在你从整体上考虑算法（设备）是否能运作之前，你可以检查各个部分是否正常，及时修复任何你发现的问题。

评估解决方案是否契合目标时，我们也可以运用类似测试的方式来试验系统，即观察法。与其他方式不同的是，这种评估方式是由真实的人使用我们正在评估的系统。其一是设定实验，我们观察人们在实验室条件下使用系统的过程，这本质上是实施科学实验。另一种方法是"走出去"观察系统的真实使用情况。以这两种方法进行评估时，我们会找出错的点或者使用起来有困难的点，并时刻问自己："我们可以改一下系统，使人们用起来更方便吗？"

在这里，我们又可以用分析和逻辑推理，其本质是让了解人类以及知道设计好坏的专家们以非常有条理的方式观察系统。他们的目标是预测潜在问题，即人们在使用系统时可能存在困难的地方。例如，他们可能会逐步分析某个具体的任务，在每一步都思考"人们会对这一步所需的操作产生什么样的误解"。专家们可能会遵循"如果出错，总能撤销上一步"这样一条具体原则。如果他们发现不能撤销，则会将其记录为一个有待解决的问题。

⊙ 创造力

算法设计中涉及的另一项技能就是创造力。算法设计是一个极具创造性的过程。当然，你可以非常慎重而缓慢地进行，运用一些基本技巧，这也是大多数人开始的方式。然而杰出的计算机科学家会得出全新的算法，用于解决老问题或全新的问题，他们会发现前人看不到的机遇。思考如何将他们的理念转化为现实的过程显然也具有创造性。计算思维离不开创造力：抽象需要一些创造力来发现可以隐藏的最佳细节，尽可能让工作变得容易；同样地，归纳和模式匹配有时也需要创造力才能发现差异明显的情形之间的联系。此外，评估也需要创造力来得出逻辑论证或研究环境的方式。你如何评估移动应用在实际运用中是否便捷？在实验室中，你可以观察一切，但是在现实中可能无法做到……面临这个问题的时候，一名有创业精神的早期评估者设计出了一顶安装了摄像头的可穿戴评估帽，该评估帽可以用摄像头拍下所观察的对象在做什么及其周围发生的事情。

创造力需要合适的条件。人们需要有趣的心态以及能够促成这种心态的环境。这种心态有利于获得乐趣，幸运的是，计算是如此有趣。你需要时间和空间让你的心态放松；需要从压力中得到解脱，免受赶在截止日期前完成任务的痛苦。当然，最有创意的想法并非来自个人而是来自团队，成员们抛出自己的想法并从彼此的创造力中受益。能在工作场所推行这种氛围的企业（和国家）真的可以改变世界！某些大型的很成功的计算机企业确实就是这么做的，这不足为奇。

编写算法需要创造力，有时在考虑需要解决的问题时也需要创造力，这样才有可能产生有变革性的想法：我们运用算法做全新的事情时，也在改变着这个世界运作的方式。设计一个前所未有的算法可以完全转变一个问题，也可以改变我们的生活方式。如果你足够有创意，能够发现别人此前没有注意到的问题……那就去解决它吧。创造力带来创新，这需要人们具备自始至终推进想法的动力和技能。所有那些基于计算机的创新，如社交网络、在线购物等，需要先由拥有创造力的人发起，再联合具备各种不同技能（如商业技能）的人，才能把创意变成现实。

⊙　总结

计算思维由多种不同的技能构成，而且它们并没有那么泾渭分明。事实上，计算机科学家在运用计算思维解决问题时会以具有联系性的各种方式来运用这些技能，而且很多技能与数学家、科学家、历史学家、设计专家、工程师、作家等运用的技能有所重叠。经由计算机科学家实践的计算思维是一个技能合集，它们以丰富的形式组合在一起，为思考问题和系统提供了不一样的思考方式。当然，计算机科学家最终会运用这些技能来创建基于机器的解决方案。将算法变为程序，这样的思维方式改变了我们生活、工作以及娱乐的方式，而且未来也将继续改变。

计算思维并非指计算机的思维方式，倒是我们人类需要使用这种思维方式让计算机做出惊人之举。但是，随着人工智能变得越来越强大，我们也能越来越多地通过编程让机器具有计算思维。

延伸阅读

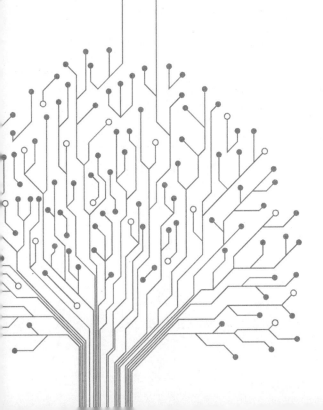

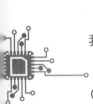

40多年来，我们俩阅读了许多数学、魔术和计算方面的书籍，以下是我们的一些作品，以及一直以来不断在启发我们的作品。

⊙ 关于计算，看这里

一旦开始观察，你就会发现计算不仅仅存在于机器中，而是无处不在。

"趣味计算机科学"（Computer Science for Fun） www.cs4fn.org

该网站有数以千计的文章以及杂志和小册子，从不同角度向我们展现计算有趣的一面。

"伦敦计算教学"（Teaching London Computing） www.teaching londoncomputing.org

该网站提供了大量跨学科计算思维的教学资料，包括本书所涉及话题的辅助资料。

《无须计算机的计算》（"Computing Without Computers"） 保罗·柯松，2014年2月

这一资源可从以下网址获得：teachinglondoncomputing.org/resources/ins piring-computing-stories/computingwithoutcomputers/。

《计算思维：六边形自动机》（*Computational Thinking: HexaHexaFlexagon Automata*） 保罗·柯松，伦敦玛丽女王大学，2015年

这本小册子介绍了通过拐折六边形来探索有限状态机的方法。

《算法谜题》（*Algorithmic Puzzles*） 阿纳尼·莱维汀和玛丽亚·莱维汀，牛津大学出版社，2011年

这本书提供的算法谜题超出你的想象，可以用来开发算法设计策略。

《改变未来的九大算法》（*Nine Algorithms That Changed the Future*） 约翰·麦考密克，普林斯顿大学出版社，2012年

这本书深入探讨了已经改变我们的生活方式的九大算法。

《哥德尔、艾舍尔、巴赫》（*Goedel, Escher and Bach*） 道格拉

斯·理查·郝夫斯台特，基础读物出版社，1979年

一本获得普利策奖的杰作，以刘易斯·卡罗尔的精神探索了意识、机器、计算、证明、模式和规则的力量等。

"无须计算机的计算机科学"（CS Unplugged） csunplugged.org

该网站介绍了无须计算机的计算机科学，有一系列课堂活动可供下载。

⊙ 关于数学，看这里

许多声称是休闲数学的书籍确实充满了计算机科学游戏、谜题和有趣的东西。这里介绍的是我们最喜欢的几本。

《数学谜题和游戏》（*Mathematical Puzzles and Diversions*）马丁·加德纳，鹈鹕丛书，1965年

这本书介绍了拐折六边形以及如何在圈圈叉叉、尼姆和纸牌等游戏中获胜。

《更多数学谜题和游戏》（*More Mathematical Puzzles and Diversions*）马丁·加德纳，鹈鹕丛书，1966年

这本书介绍了迷宫和机械谜题。

《进一步探索数学游戏》（*Further Mathematical Diversions*）马丁·加德纳，鹈鹕丛书，1977年

这本书介绍了学习机器和单人跳棋。

《数学嘉年华》（*Mathematical Carnival*） 马丁·加德纳，鹈鹕丛书，1978年

这本书介绍了闪电计算、洗牌和Spit-Not-So游戏的基础。

《数学马戏团》（*Mathematical Circus*） 马丁·加德纳，鹈鹕丛书，1981年

这本书探讨了机器是否能够思考，还有斐波那契数列和视错觉。

《数学玩家的制胜之道》（*Winning Ways for Your Mathematical Plays*）

埃尔温·伯利坎普、约翰·康威和理查德·K.盖，学术出版社，1982年

这本书分析了许多不同的游戏和谜题，并从生命发明者的角度对生命进行了整体概述。

《神奇的迷宫》（*The Magical Maze*）　伊恩·斯图尔特，约翰·威利父子出版公司，1998年

这本书介绍了图形表现方式，并对迷宫和魔术等进行了探索。

《莫斯科谜题》（*The Moscow Puzzles*）　鲍里斯·A.柯尔捷姆斯基，马丁·加德纳编辑，艾伯特·帕里翻译，企鹅出版集团，1975年

这本书介绍了大量的算法谜题和其他谜题。

《三车同到之谜》（*Why Do Buses Come in Threes?*）　罗伯·伊斯特韦和杰瑞米·温德汉姆，笠臣出版社，1998年

这本书介绍了图形、日常逻辑和魔术。

《一根绳子有多长》（*How Long Is a Piece of String*）　罗伯·伊斯特韦和杰瑞米·温德汉姆，笠臣出版社，2003年

这本书介绍了分形、包装问题和证明。

"谜题网"（The Puzzler）　www.puzzler.com

我们做过来自各个地方的各种谜题，这里介绍的谜题网是个很好的谜题资源网。

⊙　关于魔术，看这里

关于魔术的书非常多，以下列出的是对我们特别有启发的几本。

《魔术和演技》（*Magic and Showmanship*）　海宁·内尔姆斯，多佛出版社，1969年

这本书主要介绍了魔术师的技巧。

《自动实现的扑克魔术》（*Self-Working Card Tricks*）　卡尔·福尔福，多佛出版社，1976年

这本书介绍了算法和自动实现的扑克魔术。

《现代硬币魔术》（*Modern Coin Magic*） J. B. 博波，多佛出版社，1982年

这本书介绍了自动实现的硬币魔术。

《魔法数学》（*Magical Mathematics*） 佩尔西·戴康尼斯和罗恩·格兰姆，普林斯顿大学出版社，2013年

⊙　其他书籍

《设计心理学》（*The Design of Everyday Things*） 唐纳德·A. 诺曼，麻省理工学院出版社，1998年

这本书介绍了适用于虚拟世界的日常物品的设计和可用性。

《力量的源泉》（*Sources of Power*） 加里·克莱因，麻省理工学院出版社，1999年

这本书介绍了专家的工作方式，它表明直觉的本质就是模式匹配。

《潜水钟与蝴蝶》（*The Diving-Bell and the Butterfly*） 让－多米尼克·鲍比，哈珀柯林斯出版社，2004年

这本非常棒的书讲述了作者身患闭锁综合征前后的生活，字里行间洋溢着作者对生命的热爱。

⊙　本书的基础

本书各章节是对我们发表在"趣味计算机科学""伦敦计算教学"等平台上的作品的延伸和重新加工。原始作品还包括：

《计算思维：为讲话而搜索》（*Computational Thinking: Searching to Speak*） 保罗·柯松，伦敦玛丽女王大学，2013年

这是本书第二章闭锁综合征部分的简短版本。

《蜂巢数字谜题》（*Cut Hive Puzzles*）　保罗·柯松，伦敦玛丽女王大学，2015年

这是本书第四章蜂巢数字谜题部分的简短版本。

《计算思维：谜题之旅》（*Computational Thinking*: *Puzzling Tours*）保罗·柯松，伦敦玛丽女王大学，2015年

这是本书第五章图形部分的简短版本。

《迷你自大狂AI已经来到我们身边，然而它们的进一步发展无法脱离我们的帮助》（"Mini-megalomaniac AI Is Already All Around Us, But It Won't Get Further Without Our Help"）　彼得·W. 麦克欧文，对话网（The Conversation），2015年6月2日

这一资源可从以下网址获得：theconversation.com/mini-megalomaniac-ai-is-already-allaround-us-but-itwont-get-further-without-our-help-42672。

这是本书第七章AI统治世界部分的简短版本。